山地特色蔬菜

安全高效生产技术

吴金平　　郭凤领●主编

长江出版传媒　湖北科学技术出版社

序 言
Preface

　　为提高科研院校农业科技成果转化率，提升农村农技推广服务能力，因应我国农业发展新常态，实现农业发展方式转变和供给侧结构调整，农业部办公厅、财政部办公厅先后联合印发《推动科研院校开展农技推广服务试点实施指导意见》和农财【2015】48号文《关于做好推动科研院校开展重大农技推广服务试点工作》的通知，选择10个省（直辖市）为试点省份，依托科研院校开展重大农技推广服务试点工作，支持发展"科研试验基地+区域示范基地+基础推广服务体系+农户"的链条式农技推广服务新模式，形成以主导产业为核心，技术创新为引领，通过技术示范、技术培训、信息传播等途径开展新型推广服务体系建设，使科学技术在农业产业落地生根、开花结果。

　　湖北是我国重要的农业大省，是全国粮油、水产和蔬菜生产大省，也是本次试点省之一，根据全省产业特点，我省选择水稻和园艺作物（蔬菜、柑橘）两个主导产业开始试点工作。湖北园艺产业(蔬菜、柑橘)区位优势和区域特色明显，已被列入全国蔬菜、柑橘生产优势产区，是湖北农民增收的重要产业。湖北省是蔬菜的适宜产区，十三大类560多个种类的蔬菜能四季生长，周年供应。2014年全省蔬菜（含菜、瓜、菌、芋）播种面积1890万亩左右，总产量4000万吨左右，蔬菜总产值1070亿元，对全省农民人均纯收入的贡献超过850元；全省柑橘栽培面积368万亩，产量437万吨，产值近百亿元。

　　湖北省园艺产业重大农技推广服务试点项目围绕我省有区域特色的高山蔬菜、水生蔬菜、露地越冬蔬菜、食用菌、柑橘等，集成应用名优蔬菜新品种50个，成熟实用的产业技术50项，组建8个园艺作物（蔬菜、柑橘）安全生产技术服务体系。本系列丛书正是以示范推广的100余项新品种、新技术、新模式为基础，编写的《湖北省园艺产业农技推广实用技术》丛书，全书图文并茂，言简意赅，技术内容针对性、实用性较强，值得广大农民朋友、生产干部、农技推广服务工作者借鉴与参考，也是我省依托科技实现园艺产业精准扶贫的好读本。

湖北省农业科学院党委书记

湖北省农业厅党组成员

刘晓洁

2015年9月

《湖北省园艺产业农技推广实用技术丛书》编委会

丛 书 顾 问：戴贵州　刘晓洪　焦春海　张桂华　邓干生　邵华斌　夏贤格

丛 书 主 编：邱正明　李青松　胡定金

丛 书 编 委：欧阳书文　李青松　胡定金　杨朝新　徐跃进　杨自文　潘思轶

程　薇　沈祥成　袁尚勇　胡正梅　熊桂云　邱正明　柯卫东　边银丙

汪李平　蒋迎春　周国林　姚明华　姜正军　戴照义　郭凤领　吴金平

朱凤娟　王运强　聂启军　邓晓辉　赵书军　闵　勇　刘志雄　陈磊夫

李　峰　吴黎明　高　虹　何建军　袁伟玲　龙　同　刘冬碧　王　飞

李　宁　尹延旭　矫振彪　焦忠久　罗治情　甘彩霞　崔　磊　杨立军

高先爱　王孝琴　周雄祥　张　峰

《山地特色蔬菜安全高效生产技术》编写名单

本 册 主 编：吴金平　郭凤领

本 册 副 主 编：邱正明　矫振彪　陈磊夫　张　峰

本册参编人员：丁自立　王　飞　王运强　尹延旭　田延富　刘友凯　刘志雄　刘河明

（按姓氏笔画排序）刘晓艳　李　宁　李金泉　杨朝柱　吴　娟　吴金平　邱正明　汪红胜

张　峰　张建设　张静柏　陈沛和　陈磊夫　周　强　周长辉　赵建军

徐正秋　郭凤领　郭世喜　崔　磊　矫振彪　焦忠久　曾凡顺

前 言
Preface

  山地蔬菜在山区致富一方百姓和社会主义新农村建设中发挥着重要作用。山地特色蔬菜是湖北省山地蔬菜产业的重要组成部分。湖北省的山地特色蔬菜经过近30年的发展，正步入加速发展阶段，已由传统的单一、少量的产业模式发展到多类型、多品种、规模化、专业化、优质、安全的朝阳产业模式。

  山地特色蔬菜是指适合在山地栽培的一类稀特蔬菜，相对于常规、大宗化的蔬菜而言，具有用途特殊，或外形、色泽特殊，或生长的地理环境特殊，或种植与加工技术特殊等特点。山地特色蔬菜的种类繁多，具有不同的功能与用途。一些特色蔬菜营养丰富，风味奇特，有着较好的食疗保健功能；一些适于腌渍、加工、出口，市场需求量大；一些有着奇异外形、艳丽色泽，观赏价值和食用价值兼具。随着我国进一步扩大对外开放，人民生活水平不断提高，人们对蔬菜的消费需求亦在不断提高，需要我们不断培育品种，提高产品质量，既要优质营养，也要安全无害。特色蔬菜以其特有的品质、风味及适宜加工等特点，在国内外市场更占有优势。因此，因地制宜发展山地特色蔬菜，不仅可以增加蔬菜的品种，满足大众的消费需求，同时还对增加农民收入、振兴农村经济、扩大出口外销、促进农业结构的调整具有重要意义。

  本书重点选择了在湖北省山地特定地理条件下存留的利川山药、凤头姜、蕨菜、葛根、魔芋等13种特色蔬菜。每种蔬菜分别按植物学特性、栽培特性、栽培技术和采收等方面编写，在保持系统性和规范性的基础上，力求实用和可操作。

  本书在编写过程中，借鉴了多位同行的文章和书籍，在此表示感谢，由于篇幅有限，不一一列出，敬请谅解！由于水平和时间所限，书中难免有疏漏与不妥之处，敬请广大读者批评指正。

目 录
Contents

一、概述

（一）山地特色蔬菜简介

"山地蔬菜"是指在山区（含丘陵）不同海拔高度的山间地、山坡地和山顶台地生产的蔬菜。"山地蔬菜"包括"高山蔬菜"，是"高山蔬菜"概念的扩展和延伸。山地蔬菜生产充分利用山区土地、劳动力和优良的生态环境资源，突破高山蔬菜的局限，向生产区域更广、资源更丰富、季节更长、效益更好的方向发展，真正实现山区农业资源的升值、增值。发展山地蔬菜有三方面优势：一是湖北土地资源丰富，发展空间广阔。二是生产季节互补，市场需求迫切。我国南方夏秋高温季节，平原地区蔬菜生产茬口交替，高温干旱和台风暴雨等灾害性天气频发，常常出现蔬菜"伏缺期"。而山区夏秋季气候凉爽，适合蔬菜生长，在不同海拔区域生产不同类型、多种种植茬口"山地蔬菜"，可有效弥补蔬菜淡季市场供应。三是生态环境独特，蔬菜综合品质优异。山区空气清新、水质洁净、环境优良，为发展绿色、生态、有机蔬菜提供了独特的自然条件。同时，山区昼夜温差较大，有利于蔬菜积累养分，因而山地蔬菜可溶性固形物含量高、品质佳，深受广大消费者青睐。我国南方菜区区域广，地理与自然条件、气候条件更加复杂，蔬菜种质资源则更加丰富，各地都有很多知名的特色蔬菜，如利川山药、来凤凤头姜、鹤峰薇菜、五峰小香葱等。

（二）发展山地特色蔬菜的基本条件

鉴于山地特殊的地理位置和环境条件，种植山地蔬菜应重点考虑以下几个基本条件：一是充足、洁净的水源。山地易缺水，蔬菜生长需水量较大，必须选择有稳定水源的区域种植山地蔬菜，有池塘、水库的更好。二是畅通、便捷的道路。山地蔬菜生产区域应具有连接外部交通枢纽的道路，以及田间主干道、操作道等，确保蔬菜产品和生产物资运输便捷。三是相对稳定的劳动力。蔬菜生产花费劳力较多，且生产技术要求较高，而山区引进外来劳动力较难，应培育当地稳定的菜农队伍。四是带动能力较强的经营主体。山地蔬菜基地大多地处偏远，蔬菜销售路径较长，尤其需要具有产业化经营能力的主体来带动。以公司＋农户、合作社＋农户等多种形式，拓展蔬菜生产、加工、销售渠道，延长产业链，提高附加值，解决一家一户分散种植、销售的难题。五是足够的供电能力。山地蔬菜基地的杀虫灯、田间冷藏库以及产品分级、包装配套等设备，均需要用电保证，必须配套建设农用电力设施。

（三）山地蔬菜主要节水配套技术

近年来，在大力发展山地蔬菜生产的同时，推广应用微蓄微灌、黑白（银灰）双面地膜覆盖、土壤保水剂等节水配套技术。

1.微蓄微灌技术

山地微蓄微灌技术是利用山区自然地势高低差获得输水压力，对地势相对较低的田块进行微灌，即将微型蓄水池和微型滴灌组合成微蓄微灌。其方法是：在田块上坡（即地势较高处）建造一定大小容积的蓄水池，利用自然地势高低差产生水压，以塑料输水管把水输送到下部田块，通过安装在田间的出水均匀的滴灌管，把水均匀、准确地输送到植株根部，形成自流灌溉。应用微蓄微灌技术，可提高水资源利用率，缓解夏季干旱，增强蔬菜生产的稳定性，减轻劳动强度，明显改善品质，提高单位产量。

（1）微蓄。在生产基地上方建蓄水池，选址于雨水泄流汇集处，池基海拔高于蔬菜地10米以上，获得地势落差所产生的自然水压大于1千克／平方厘米。利用当地山石资源建造水池，基地蓄水量通常为每亩4立方米左右。采取双池法，在主池上方建1个小池，溪水通过小池沉淀泥沙后蓄入主池。主池的出水管与菜地的微灌系统相连。出水管处安装总阀门及1个过滤器，防止泥沙堵塞滴孔。

（2）微灌。宜采用内镶式软管滴灌。内镶式滴灌可以保证滴灌带前后滴头的出水压力基本均衡，在地势不平或管线较长的情况下仍有良好的出水均匀度。该系统采用专用配件，结构简单，安装方便，能自装自拆。输水管以与畦向垂直的方向安装于地头畦端，一头用堵头封堵，另一头为进水口。于每个栽培畦的中线处，将输水管打1个直径8毫米的小孔，接装内镶式滴灌管，管长与畦长相等，出水孔朝上，末端用堵头堵住。输水管与每一地块的连接处安装1个阀门，以调节水压和分块灌溉。

内镶式滴灌适用于按一定株行距种植的蔬菜如四季豆、番茄、茄子、黄瓜等。在1千克／平方厘米水压时，每个滴孔每小时约能滴灌水3千克，每亩可灌水3吨。

2.黑白（银灰）双面地膜覆盖技术

黑白（银灰）双面膜是近年推广的农膜新品种，由黑色和乳白色或银灰色地膜复合而成。使用时白膜朝上，能反射膜面光线和热量，改善作物下部的光照条件，降低土温，利于根系生长；黑膜朝下，可保水保肥，保持土壤疏松，提高灭草效果，促进作物生长。与透明地膜和单色黑膜相比，黑白双面膜对在改善与延长作物生长发育、提高产量、改善作物品质等方面的功效明显。

双面地膜的使用方法与普通膜基本相同：①覆膜前先施足基肥，瓜果类作物还应将有机肥深埋25厘米以下，并配施其他肥料。②盖膜的畦面要平整，泥块耙细，铺膜后畦四周地膜用泥压紧。③种前用小刀按株距在膜上割"十"字形种植孔，苗栽下后用10%清水粪浇苗点根，再将种植孔用泥封严，避免内外空气相通。

3.保水剂应用技术

保水剂是农林业用途的土壤保湿和土壤改良产品，主要成分是人工合成的无毒无味、有益土壤环境的超强吸水性高分子聚合物，如丙烯酰胺–丙烯酸钾交联共聚物。施用后的若干年里，保水剂能够在土壤中反复"吸收—蓄存—释放"为植物提供水分。可蓄存自重150～400倍的水分，成倍提高土壤水分有效性，减少灌溉次数。保水剂能有效改良土壤结构，提高肥料施用效果，减少土壤养分流失30%以上。保水剂施用简便，规格有细、中、粗、特粗四种，一般每立方米土体施用1～3千克。

育苗期使用保水剂，一般用0.1%重量拌基质。定植期施用保水剂有干法和湿法两种。干法施用是把干品保水剂放在苗根四周，并浇定根水。湿法施用是先将保水剂吸足水（能透水的编织袋内装保水剂浸水12小时）施放苗底，可不浇定根水。

山地特色蔬菜安全高效生产技术
shandi tese shucai anquan
gaoxiao shengchan jishu

二、凤头姜

　　武陵山区属中亚热带季风湿润气候。由于有群山屏障，与同纬度地区相比，冬季偏暖，冬寒期偏短，夏季凉爽，暑热时间不长，昼夜温差大。山区雨量充沛，年降雨量1100～1500毫米，多集中在春、夏两季，水分蒸腾较大。这种独特的气候资源孕育了丰富的生物资源，如湖北省恩施土家族苗族自治州来凤县的生姜，姜块根肥脆，白嫩的块根紧连成扇形，顶上还有点点红蒂，其每柄有二三十头，像传说中凤凰的头，因此得名"凤头姜"，又名"来凤姜"，是来凤县民间经过长期选育出来的地方优良生姜品种。

　　凤头姜在来凤县有五百余年的种植加工历史，是来凤县闻名于全国的传统土特产，是土家族苗族多年传统泡菜工艺的结晶。据来凤县志记载，来凤县栽培凤头姜的历史已有300多年，以富硒多汁、脆嫩无筋、营养丰富、香味清纯成为湖北省乃至全国名产，尤以子姜脆嫩无筋在国内外生姜品种中独树一帜。1997年凤头姜干姜样品送日本鉴定，品质明显优于国内外其他品种，被评定为东南亚最具特色的名姜。1998年，成功开发全国生姜第1个"绿色食品"，并通过农业部质量认证，拟定的《绿色食品生姜生产技术操作规程》已由农业部审定为部颁标准；2007年第215号关于批准对来凤凤头姜实施地理标志产品保护的公告，根据《地理标志产品保护规定》，国家质检总局组织了对来凤凤头姜地理标志产品保护申请的审查。来凤凤头姜地理标志产品保护范围以湖北省来凤县人民政府《关于界定"来凤凤头姜"地理标志产品范围的函》（来政函〔2006〕38号）提出的范围为准，为湖北省来凤县翔凤镇、绿水乡、漫水乡、百福司镇、大河镇、旧司乡、三胡乡、革勒车乡8个乡镇现辖行政区域。凤头姜富含多种维生素、氨基酸、蛋白质、脂肪、胡萝卜素、姜油酮、酚、醇及人体必需的铁、锌、钙、硒等，以其营养丰富以及保健和药用价值，历来受到海内外消费者的喜爱（图1）。

图1　凤头姜加工产品

（一）植物学特性

生姜根系不发达,入土浅,主要分布在地下30厘米左右的范围内。茎为肉质根状茎,腋芽不断分生可发生1、2、3……次,次生根茎,丛生密集成块状,一般苗数愈多,姜块越大,产量越高。地下茎是叶鞘抱合成的假茎,高70～100厘米,直立不分枝。叶披针形,具叶鞘,叶互生,排列两行(图2,图3)。

图2　凤头姜子姜

图3　凤头姜老姜

(二)栽培特性

主产于湖北恩施土家族苗族自治州来凤县。

凤头姜喜温暖、湿润的环境，不耐寒冷、干旱，幼芽生长以22～25℃为好，茎叶生长适温为25～28℃，根茎旺盛生长时期，保持白天20～25℃，夜间18℃左右易膨大。姜喜阴，不耐强光，炎热夏季需遮阴栽培。宜选择保水保肥力强、透气性好、富含有机质的黏壤土栽培。对肥料三要素的吸收，以钾为最多，氮次之，磷较少，旺盛生长时期对氮吸收量最多。生姜忌连作，最好与水稻、十字花科、豆科等实行三四年的轮作，不宜与烟草、辣椒、马铃薯等茄科类作物换茬。一般每亩产量1000～1500千克，高的产量可达2000～2500千克。

(三)栽培技术

1.种姜处理（图4，图5）

（1）选种消毒。在上年的留种地选择健壮植株的姜块采收贮藏，播种前选形状扁平、颜色好、节间短而肥大且无病虫害的姜块，用草木灰溶液浸泡15～20分钟进行消毒，防止腐败病（姜瘟）的传播。在选种消毒时，凡发现姜块有水渍状肉质变色，表皮容易脱落的，说明已受病菌感染，必须淘汰。

（2）晒种催芽。为了出芽快而整齐，在播种前一星期左右，选择晴天，将种块翻晒数天，使姜皮变干发白，放入垫有稻草的箩筐内，使其头朝内、脚朝外，一层层放好后，再盖草帘或稻草，用绳子扎紧，放于灶的上部，利用柴草的热烟加温，保持筐内湿润，温度在20～30℃的温度，经过20余天幼芽长1厘米左右取出。也可放于温室或塑料大棚内，维

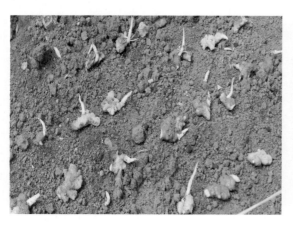

图4　生姜催芽

图5　生姜催芽后种植

持20℃以上的温度进行催芽。催芽后把种姜切成小块，保证每块有一两个芽，沾上草木灰即可播种。

2.整地施肥

姜喜欢土层深厚、富含腐殖质的肥沃土壤。由于姜的根系少，分布范围小，因此用来栽姜的土地还须实行深翻暴晒，使其风化疏松，以利根系生长发育。姜的产量高，生长期长，故需肥量多，每亩应施腐熟有机肥2000～2500千克作为底肥，有条件还可追施20千克的复合肥效果更为理想。姜不宜连作，应与其他蔬菜进行3年以上的轮换栽培，防止发生姜瘟（图6，图7）。

图6　大棚宽行密植整地

图7　大田机械整地

3.播种

（1）播种期。一般4月下旬至5月上旬播种，低热河谷地区以3月上中旬为宜。经过催芽或用地膜栽培的可适当提早。

（2）播种量。种块的大小与产量关系甚大。使用较大的姜块作种不但出苗早，生长发育加快，提早成熟，而且产量高，因此，选择50～100克的种姜为宜。若以50厘米×15厘米的田间栽培行株距计算，每亩可用姜种150～250千克。虽然用种量较多，但种姜以后还可以收回利用（图8，图9）。

图8　高厢栽培

图9　条垄栽培

4.栽培方法

为了避免生姜的根茎在生长期间露出土

面，降低品质，在栽培时必须进行深播，其栽培方法如下。

（1）高厢栽培法。将土地平整开沟，做成厢宽1.2米、沟宽30厘米的高窄厢，每厢均匀纵开种植沟3条，施入底肥与土壤混合后，按15～18厘米的株距进行播种栽培，每亩可栽8000～9000株。这种方法在地势平坦，地下水位较高的地带（如稻田），可以增强土壤透气性，提高土温，防止积水烂根。

（2）条垄栽培法。将土地深翻耙平，不做厢，按50厘米的行距开种植沟施底肥，与土壤混合后，按15～20厘米的株距进行播种栽培，以后培土做成垄。此法每亩可植8000株左右，适宜在地下水位低，土壤通风透气性较好的梯地或斜坡地栽培。

若是经过催芽的种块，播种时应将芽朝上放，未经催芽的种块平放斜放均可。播种后覆盖5～6厘米厚的细泥土，使其尽快出苗。

5.田间管理

（1）搭棚遮阴。姜害怕烈日照射，但散射光对其生长有好处。因此，在播种出苗，幼苗高达15厘米以后，应搭高1米左右的平架，架上铺盖稀疏杂草，挡住部分阳光，降低照射强度，以利植株生长。到了秋天光照强度减弱，这时生姜地下的根茎膨大，需要较多的光照，再撤棚以增加光合作用，提高产量。（图10）。

（2）生姜和玉米间作套种。可以充分利用立体空间，有效提高光能利用率，大大提高种植效益。实行垄作栽种，按1.2米宽拉线起垄，垄高20厘米，下底宽90厘米，上顶（厢面）宽60厘米，垄上栽2行生姜，行距30～35厘米，株距20～25厘米；垄沟底种1行玉米，株距20厘米，每亩种玉米4000株左右，玉米距生姜30厘米。春玉米间作种植时间在3月中下旬前后，按照栽培方式要求，于垄沟底及时进行种植（图11）。

图10　凤头姜搭棚遮阴

图11 凤头姜套种玉米种植

图12 凤头姜田间管理

（3）中耕培土。姜的地下部有向上生长的习性，且喜欢土壤疏松通气，故在生长期间应进行中耕培土。一般中耕两三次，结合培土进行。生长前期中耕适当深些，到了中后期植株较大，且地下部已开始膨大，应实行浅中耕。培土可增厚土层，防止姜块露出土面品质下降。通过培土，将原来的栽植平行逐渐变成垄行，使土壤透水、透气，有利于生长，提高产量品质（图12）。

（4）追肥。在生长期间，应根据植株的长势进行追肥。一般共追2～4次，结合中耕除草进行，根据先淡后浓的原则施用。植株在生长前期需肥较少，一般应少施，到生长中后期植株长大，且地下部开始结姜块，需肥较多，应多施勤施，可在人畜粪水中加入0.5%左右的复合肥，在晴天进行施用，既作肥又作水，效果良好。

6.病虫害防治

按照"预防为主，综合防治"的植保方针，调整农业种植结构，应用水旱轮作、作物间套种等农业措施，减少病虫源。虫害主要有甜菜夜蛾、小地老虎、斜纹夜蛾、蛴螬等，主要发生于苗期，为害幼苗。出苗前每亩用5%毒死蜱2.5千克加细沙土20千克，拌匀后施于畦面；齐苗后用50%辛硫磷0.5千克于傍晚加水

图13 凤头姜虫害绿色防控

浇施。病害主要有姜瘟和炭疽病,通过采取水旱轮作、姜种消毒、科学管水、平衡施肥等措施,可有效减少病害的发生。轻微发病的田块可用克瘟散500倍液或农用链霉素2000倍液防治姜瘟,用75%百菌清可湿性粉剂500倍液防治炭疽病(图13)。

(四)采收与留种

1.采收(图14,图15)

姜的采收与其他蔬菜不同,可分嫩姜采收、老姜采收及种姜采收3种方法。

(1)嫩姜采收。一般在8月初开始采收,作为鲜菜提早供应市场。早采的姜块肉质鲜嫩、辣味轻、含水量多、不耐贮藏,宜作为腌泡菜或用来制作糟辣椒调料,食味鲜美,极受市场欢迎,经济效益好。

(2)老姜采收。一般在10月中下旬至11月进行。

待姜的地上植株开始枯黄,根茎充分膨大老熟时采收。这时采收的姜块产量高、辣味重且耐贮藏运输,作为调味或加工干姜片品质好。但采收必须在霜冻前完成,防止姜块受冻腐烂。采收应选晴天完成,齐地割断植株,再挖取姜块,尽量减少损伤。

(3)种姜采收。一般在地上植株具有四五片叶片时,大约在6月中下旬进行。

采收时小心地将植株根际的土壤拨开,取出种姜后再覆土掩盖根部。采收过迟伤根重,会影响植株生长。

2.留种

留种用的姜块,最好另设留种田进行栽培,在生长期间多施钾肥(草木灰等),少施氮肥(如尿素等)。采收时晾晒数天,降低种块水分再进行贮藏。也可在大田生产中选择植株健壮、姜块充实、无病虫害感染、不受损伤的姜块,进行晾晒后贮藏作种。

图14　子姜的采收

图15　老姜的采收

山地特色蔬菜安全高效生产技术
shandi tese shucai anquan
gaoxiao shengchan jishu

三、利川山药

　　山药是薯蓣科薯蓣属植物（*Dioscorea opposite* Thunb.），块根既可食用，又可入药。利川山药地处武陵山区，由于独特的地理环境，造就了利川山药的品质与内陆沙地山药的品质差异较大。利川山药色白、味清香、高黏液质、外形独特，是国内高品质的山药品种。利川山药在利川市有1500多年的种植历史，它富含钾、钙、锌、铁等元素及硒、锗等稀有微量元素，性平味甘，无副作用，是一种常用中药，也是人们喜食的一种上乘滋补蔬菜和天然保健品。2007年，利川山药成为国家地理标志保护产品；2008年，利川山药产地被国家农业部认定为"全国绿色食品原料标准化生产基地"；2009年，利川山药获国家绿色食品认证；同年，在农业部信息中心举办的首届中国农产品区域公用品牌建设论坛上，利川山药的品牌价值为2.32亿元；2010年，"龙船水乡"牌利川山药获国家有机转换食品认证；同年，"龙船水乡"牌利川山药被选定为上海世博会专供产品，在国际有机食品博览会成功签约160万美元，在国际市场受到青睐。2012年，顺利通过3年的有机转换期，成为认证的有机食品。同年，"利川山药"的品牌价值上升为5.15亿元。利川山药作为高产高效经济作物，在山区被广泛种植，成为鄂西山区农民收入主要来源（图1，图2）。

图1　利川山药断面雪白

图2　利川山药

（一）植物学特性

利川山药叶片深裂三角形，深绿色，长8～15厘米，宽3～5厘米，叶质稍厚，叶脉9条。利川山药花为雌雄异株，雄花长在雄株上，雌花长在雌株上。利川山药雌株很少，多是雄株。雄株的叶腋向上着生2～5个穗状花序，有白柔毛，每个花序有15～20朵雄花。雄花无梗，直径2毫米左右。从上面看，基本上是圆形，花冠两层，萼片3枚，花瓣3片，互生，乳白色，向内卷曲。有6个雄蕊和花丝、花药，中间有残留的子房痕迹。山药的孕蕾开花期，正好是地下部块茎膨大初期。雄株花期较短，6～7月开，从第1朵小花开放到最后一朵小花开放，一般历时50天。一般在傍晚后开花，多在晴天开花，雨天不开花。雌株着生雌花，穗状花序，花序下垂，花枝较长，一个花序有10朵左右小花。雌花无梗，直径3毫米左右，长5毫米左右。从上面看，整个雌花呈三角形，花冠有花瓣和花萼各3片，互生，乳白色，向内卷。柱头先端有3裂而后成为2裂，下面为绿色的长椭圆形子房。子房有3室，每室有2个胚珠。雄蕊6个，药室4个，内生花粉。雌花序由植株叶腋间分化而出，着生花序的叶腋一般只有1个花序，偶有1个叶腋2个花序。花序中从现蕾、开花到凋落需30～70天。花期集中在6～7月。一般在傍晚后开花，多在晴天开花，雨天不开花。利川山药的果实为蒴果，多反曲。每果含种子4～8粒，褐色或深褐色，圆形，具薄翅，扁平。空秕率一般为70%，千粒重6～7克，种子发芽适温30～32℃（图3，图4）。

图3　利川山药叶片形态

图4　利川山药花形态

（二）栽培特性

利川山药地理标志产品保护范围以湖北省利川市人民政府《关于拟界定利川山药地理标志产品保护地域范围的函》（利政函〔2006〕50号）提出的范围为准，为湖北省利川市团堡镇、柏杨坝镇、建南镇、忠路镇、谋道镇、汪营镇、元堡乡、凉雾乡、文斗乡、沙溪乡、毛坝乡、南坪乡、都亭街道办事处、东城街道办事处14个乡镇街道办事处现辖行政区域。适宜生长在海拔800～1500米的山区，pH值5.5～7，土层厚度大于100厘米的黄棕土壤。

（三）栽培技术

1.繁殖方法

利川山药一般采用无性繁殖，其繁殖器官为块根（种薯）和零余子两种（图5，图6，图7）。（见附录1）

图5　零余子繁殖

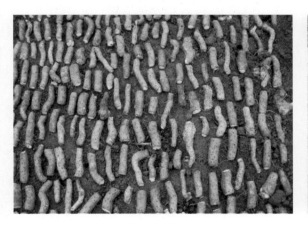

图6　切块繁殖

图7　栽子繁殖

（1）整地。利川山药根系发达，要求在有机质较多、肥沃、排水良好的沙质壤土种植。利川山药宜深耕，一般要求在40厘米以上，应在秋收以后进行冬前翻耕，开春后再翻犁1次，然后耙平作畦待种。

（2）种植。种植密度因种薯大小而异，普通小型种行距50～60厘米，株距20厘米左右；大型种行距70～80厘米，株距40～50厘米。在畦面先开种植沟，并施基肥于沟内，按一定株距将种薯横卧或倾斜栽于沟中，撒施草木灰，并覆土4～5厘米厚。利川山药行株距大，二高山、高山地区（海拔800～1400米）以净作为宜，低山地区（海拔800米以下）可进行间作、套种，以提高土地利用率（图8，图9，图10）。

（3）施肥。利川山药需肥较多，要求施足基肥，并及时追肥，以满足植株生长发育对养分的需要。基肥一般每亩施腐熟猪牛栏粪或堆肥3000千克左右、人粪尿750千克以上，按土壤肥瘠程度酌情增减。按山药生长发育期分批追肥，幼苗期以速效氮肥为主，施用两三次，一般每亩施用人粪尿250千克；至8月中旬植株迅速生长期，每亩施用人粪尿500千克、饼肥30千克，开沟施用，以促进茎叶生长；到9月再追肥1次，除人粪尿、饼肥外，配施磷、钾肥料，以促进块根膨大。

图8　浅生槽栽培

图9　山药传统收挖

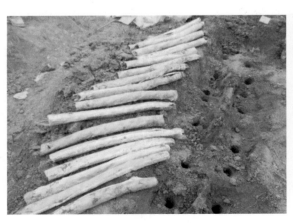

图10　打孔套袋种植

3.田间管理（图11，图12）

（1）中耕、除草、培土。利川山药幼苗生长缓慢，易生杂草，须及时进行中耕除草，一般在出苗后进行，每隔10天左右中耕除草1次。中耕深度由深而浅，后期中耕结合培土，以防止块根外露而影响品质。至8月中旬，当表土布满须根时不再中耕，只锄草，以保持土壤疏松，防止杂草生长。

（2）搭架。当幼苗高18～20厘米时须搭支架，使茎蔓向上直立生长。

（3）灌溉排水。山药喜较干燥的气候，如生长期间降雨过多，会妨碍块根发育，使成熟延迟，产量降低，因此须注意开沟排水。

（4）摘蔓。利川山药每株留蔓三四条，叶腋间长出的腋芽必须剪除。7月下旬孕蕾时摘去花蕾，以促使块根发育良好。

图11　大田种植

图12　田间管理

4.病虫害防治（图13，图14）

利川山药普遍发生的病害主要有山药炭疽病、山药褐斑病、山药根结线虫病；害虫主要有小地老虎、蛴螬、蝼蛄、钩金针虫等。坚持"预防为主，综合防治"的植保方针，以农业防治为基础，协调利用生物防治和物理防治，科学合理地应用化学防治技术，将病虫危害控制在经济损失允许水平之下，从而获得最佳的生态效益、经济效益和社会效益。

图13　蛴螬虫害

图14　金针虫害

（四）收获与贮藏

1.收获（图15，图16，图17）

利川山药生长期约150天，收获期因各地气候不同而异。8～9月零余子成熟，先行采收，每亩可收150千克左右。块根在霜降至立冬时节，茎叶变枯黄色时即可采收，过早收获不耐贮藏。在冬季较暖、劳力较紧张的地区，可到次年3～4月块根发芽前随掘随种。每亩收获量因土质、栽培条件而异，一般大型种可收获3000千克左右，小型种2000千克以上，丰产的可达4000千克以上。

2.贮藏

利川山药贮藏可分为以下两个阶段：一是收获至次年谷雨。该阶段温度低，贮藏时应注意保温，不使山药受冻。一般贮藏于土窖内，一层沙土，一层山药，直至窖满为止，最后覆厚土使其呈屋脊形，上面再盖稻草，避免漏水。如在贮藏时山药过干，可先洒清水，使其吸收充足水分后再贮藏。室内贮藏可用稻草覆盖保温。二是谷雨至立秋。该阶段温度较高，贮藏时须控制其发芽。将山药从窖中取出，摊放在露天晾2～3天，勿淋雨，然后移至室内，一层干细沙，一层山药，堆积贮藏。在夏季可保持湿润，随时取作食用。

图15　山药成熟

图16　山药收获

图17　收获的山药分等级收购

山地特色蔬菜安全高效生产技术
shandi tese shucai anquan
gaoxiao shengchan jishu

四、葛根

葛是我国卫生部首批批准药食两用的植物，其全身都是宝，根、茎、叶、花均可入药，尤其是葛根，素有"亚洲人参"的美誉。近年来，随着现代医药、食品科技的迅速发展，葛根的品种资源、药理药化、临床应用、食品保健品开发研究等方面不断深入，国内外兴起葛根"消费热"。

（一）植物学特性

1.根（图1）

葛的根分为种子根和不定根。种子根是由种子的胚根长出的主根和侧根，不定根是由块根、茎、叶柄、叶片等部位发出的，种子根和不定根均能发育成块根。葛的块根是由粗壮的纤维根积累养分后膨大而成的，其形态不一，大致可分为圆柱形、纺锤形和狐尾形几种。葛根表皮较薄，呈黄色、黄褐色或黄白色。葛的支根上多生有绿豆大小的瘤状突起（根瘤菌），须根发达成网状。

图1　葛的块根

2.蔓

葛蔓直径粗3～6毫米，主蔓长约5～10米，从主蔓基部开始着生侧蔓，有的侧蔓生长超过主蔓而取代主蔓。节间长15～25厘米。通常第三四节开始在叶柄基部着生气生不定根8～10条。初发嫩梢上具白色或紫红色绒毛，蔓表面密被2～3毫米黄白色硬毛。

3.叶

葛叶为三出羽状复叶，主叶柄长15～30厘米，基部着生两片托叶，主叶片长宽各12～18厘米，两复叶长宽各10～15厘米，一般从根茎起第4片叶出现裂叶。叶片栅栏组织厚、色深绿、表面较粗糙，叶表被白色浅毛。

4.花（图2）

葛花以数朵或数十朵丛生聚成花序，生

于叶腋，呈紫色、淡红色或紫红色。花蕾形
似紫色茄子，初开花朵侧看似准备起飞的小
鸟，花冠直径2～3厘米，花筒长2厘米，花瓣
6片，其中前端两片大花瓣紧合在一起包裹着
雄蕊和雌蕊。葛雌雄同株同花，雄蕊多个，长
短差异不大，着生在花柱上。雌蕊1个，子房
上位。葛为闭花授粉植物。

5.种子

果荚长5～12厘米，表面黄褐色，且密被
硬毛。每个荚果内含种子3～12粒。种子扁平，
表面平滑，嫩子表皮淡绿色，成熟种子黄褐色。

图2　葛花

（二）栽培特性

葛为豆科（Leguminosae）葛属（Pueraria D C.）多年生落叶藤本植物。葛属植物约20种，主要分布于温带和亚热带，海拔100～2000米的地区，喜生长于森林边缘或河溪边的灌木丛中，属阳生植物，常成片生长于向阳坡面。现自然分布于亚洲的马来西亚、印度尼西亚、日本、朝鲜、韩国以及美洲大陆等地区。葛属植物在我国的分布很广，除新疆、青海、西藏未见报道外，几乎遍及各省区，以湖南、广东、江西、云南、贵州、安徽、湖北等地分布最为集中。中国是葛属植物的分布中心，共有9个种和2个变种。其中野葛、粉葛的分布最广、产量最高，是资源较多的品种。我国药食两用葛根主要为野葛和粉葛。

（三）栽培技术

1.选地

人工栽培葛根要获得高产，首先要选好地。葛根适应性强，对选地条件要求不严，即使在瘠薄的沙石地也能生长，但以土层深厚、肥沃的沙质红壤土生长最优，可利用红薯地改种。因此，应选择土层深厚（土层厚度80厘米以上）、坡度在25度以下、排水良好的山坡地、旱田地。不宜选择低洼积水的田地来栽培葛根。

2.整地

整地可在12月和1月进行，如果有未腐熟或未充分腐熟的农家肥施入，可适当提前，整地前每亩可施农家肥1500～3000千克，施肥方法是将农家肥施入垄中，上面起垄，使其充分腐熟。起垄按0.8～1.1米行距，垄宽60～70厘米，沟深40厘米，垄长以操作方便为宜。

3.种苗繁殖（图3，图4）

葛藤可通过有性和无性方式进行繁殖，繁殖方法有种子繁殖、分根繁殖、压条繁殖和扦插繁殖、组织培养等。（见附录5）

（1）种子繁殖。一般野葛可在自然条件下开花结实，但葛根在人工栽培条件下却很少开花或只开花不结实。利用种子所产生的植株遗传性状发生分离，生长参差不齐，不符合生产上的要求，一般只有培育新品种时采用。

（2）分根繁殖。葛藤的块根或老根上，在春季植株开始恢复生长时常有不定芽萌发产生新嫩枝芽，选择长有嫩芽的块根，将嫩芽连同周围的块根一起切下，或选择老根上长有嫩芽的支根将其从老根上切断，然后移入育苗床或育苗袋中进行培养，或直接种入大田中。

（3）压条繁殖。压条繁殖可选取长而健壮的茎枝进行，方法有3种。①波状压条法：即把葛藤茎、枝条拉伏倒地，每隔2～3节在茎枝节部处下挖直径和深度各20厘米左右的坑穴，将节部压入坑穴内然后盖上细土，以此法分段埋土。②连续压条法：把葛藤茎、枝条拉伏倒入预先挖好的深约15厘米、长度不限的条沟中盖实细土。③圆环状压条法：将选好的茎、枝条圈成圆环状，然后将环放入坑穴内用细土埋实。

采用上述3种压条法繁殖时，只要在茎、枝条压埋时注意露出上部的幼叶和生长点，压埋后浇透水并保持土壤湿润，经过15～20天待茎、枝节部长出新根、新芽后分段切断断离母株，即可形成单独的新株。

图3　葛藤扦插

（4）扦插繁殖。从健壮的当年生茎、枝条上选取带有腋芽的节部将其截为长度8～10厘米的小段作为插穗，立即插入预先准备好的苗床或育苗袋中，及时浇透水，并覆盖稻草或茅草等物遮阴保湿，20天左右即可生根萌芽。另外，也可根据条件需要，选择当年生的健壮茎、枝条，截取带有3～4个芽节，长度为20～30厘米的茎、枝条作插穗直接插入预先准备的田地中，做到随截随插，覆土要厚并压实，露出上部的叶片和生长点。

图4　葛根组培苗

（5）组织培养。传统无性繁殖方法速度较快。但连年繁殖导致病毒积累严重，使葛种性退化、产量逐年下降、品质不断变劣。利用植物体离体器官、组织或细胞具有的再生能力，在适宜的无菌人工培养基及光照、温度等条件下进行人工培养，使其增殖、生长、发育而形成完整的植株的植物组织培养技术，可以快速、大量繁殖优良品种，提纯复壮，获得无病植株。但成本较高，一般在母株材料少而需短时期内大量增殖和培育脱毒苗时才应用。

4. 田间管理（图5，图6，图7，图8，图9）

（1）中耕除草。葛苗前期生长缓慢，杂草对葛苗生长具有很大影响，因此，除草一般应及早进行，中耕要求浅耕，只需疏松土壤表层即可；同时，考虑到化学农药及除草剂对中药质量的负面影响，应以人工除草为主，少用或不用化学农药。

（2）水肥管理。3～5月为生长前期，主要是促苗、修枝和打顶。当移栽苗回青进入正常生长后，每株只选留一两条蔓生长，然后施一次稀薄的人畜粪水或者每亩用7.5千克尿素兑水淋施；待苗长到35厘米长左右时立支架绑缚；长到1.2～1.5米时打顶，并结合除草再施用4～5千克的复合肥，以促进葛苗生长。6～8月是生长中期，主要以疏根为主，结合培土培肥。当葛苗的叶片颜色由淡绿色转为深绿色，块根开始膨大至拇指大小时，表示块根开始积累淀粉；在6月底至7月初疏根埋根，具体方法是挖开根部土壤，选留两三条较粗壮的根，剪除其余的细根，然后覆土。9～12月是生长后期，主要以保叶、防渍为主。最后一次施肥应在9月进行，以稀薄的人畜粪水淋施或进行根外施肥。10月可进行一两次除草松土，但不宜灌水，施肥；如雨水过多，需挖沟排水以防止块根腐烂。

图5　葛根小竹竿搭架栽培

图6　葛根大竹竿搭架栽培

图7　葛根自然生长

图8　葛根修枝打顶

图9　葛根生长期

5.病虫害防治（图10）

（1）病害。葛锈病主要为害叶片。叶面初现针头大的黄白色小疱斑，主脉和侧脉上尤为多，后疱斑表皮破裂，散出黄褐色粉状物，此即为病菌的夏孢子团。发病严重时，叶面疱斑密布，散满锈色粉状物，甚至叶片变形，致植株光合作用受阻，水分蒸腾量剧增，终致叶片逐渐干枯，影响地下块根膨大而致减产。可喷施15%粉锈灵（三唑酮）、可湿粉（或乳油）1500～2000倍液、50%三唑酮硫黄悬浮剂1000～1500倍液或45%超微硫黄悬浮剂200～300倍液，交替喷施，喷匀喷足。

（2）虫害。主要有螨类、地老虎、蛴螬等。

螨类主要为害植株的叶片，由下部叶片向上部蔓延，吸取新芽和叶片的养分，使叶片变色。防治方法：在叶面洒水，冲洗螨类；危害严重者应立即移开，去除病株；适时轮作；虫害发生期用低毒的农药进行叶面喷施。

地老虎常从地面咬断幼苗或咬食未出土的幼芽，造成缺苗断株。防治方法：及时除草，减少产卵场所；利用幼虫食杂草的习性，在苗圃地中用新鲜杂草每隔一定距离放置一堆，每天或隔天清晨翻草捕杀；用90%晶体敌百虫0.5千克加水2.5～5千克拌鲜草50千克配成毒饵，堆放在苗行间，诱杀幼虫；利用成虫趋光性，于田间架设黑光灯诱杀成虫。

蛴螬为金龟子幼虫。通常于8～9月发病。幼虫在土壤中为害野葛根部，受害植株叶色变黄，严重时植株逐渐枯死。可在虫害发生初期可用90%晶体敌百虫200倍液浇灌以防治。

图10　葛根锈病

成薄片,晒干或烘干。如果一时不能处理完毕,也可以在块根表面的破伤处涂抹一些草木灰或干黄泥土,对伤口加以掩盖,以延长保存时间。新鲜块根千万不能用水冲洗后再保存,否则将会加速块根的溃烂。

葛株种植中的采收工作,还包括8～9月对葛花的采收,葛花也是葛株的重要药用部分。一般人工栽培的葛株,需要3年以上的生长期才会开花,葛花盛开时,就要及时采摘。采后应拣出枝叶,立即晒干或烘干,以防霉烂、变质。葛花能解酒止渴,商品价值和药用价值都很高,因此,应当精细采摘。

（四）采收和贮藏

1.采收（图11）

进入冬季以后,葛株的养分集中于块根,块根在当年基本停止膨大后即可采收。葛根的具体采收时间一般以霜降后或来年的初春为宜。采收时,可从地面开裂处把植株基部的泥土小心挖开,露出块根头部,采大留小,然后覆平泥土即可。但应注意,由于葛藤茎韧性较强,切勿用手强行将块根扭断,特别是需要留下小块根继续生长的植株,更不能如此。最好的办法是用剪刀将大块根从基部剪断,以免伤及其他块根和根须。可以在采收的同时施放一些越冬基肥,或者结合进行一次整土治草等活动,以便为明年葛根的丰收做好准备。

新采收的葛根抗寒能力差,不宜长久保存,尤其是外皮有伤破的块根,更是容易霉烂,失去加工利用价值。因此,应将采收的新鲜葛根尽快地进行深加工,或者将葛根切

2.贮藏

（1）场地选择。选洁净、无污染的室内或专设棚舍、窑洞等场地贮藏,不与猪、牛、鸡等家畜的栏舍靠近。

（2）贮藏料配备。准备适量的潮沙,没有潮沙可用土替代（但要去掉表土15厘米再取土,并捏碎）。在沙或土中加入1.5%生石灰粉或2%的草木灰充分拌匀后,用洁净水调至湿度为55%～65%。

（3）待贮葛的标准要求。以12月至次年

图11　葛根收获

2月之间采收的鲜葛品质最佳,选无雨天气采挖。对入贮的葛要严格清选,剔除创伤、折断和虫害等不利于贮藏的次品,切除鼻苑(以防适温时发芽)。

(4)贮藏步骤。先在底层铺15厘米厚调配好的沙土,然后一层葛根一层沙土,葛根与葛根之间要以沙土相隔,不要人为地踏实踏紧,堆高不得超过1.5米,长宽不限,四周和顶部都要保持20厘米厚的沙土。最后覆盖一层5厘米厚的锯末或稻草、麦秆用于保湿。

(5)管理要点。确保贮藏料湿度为55%～65%,可采用喷水调节,保持覆盖物湿润。北方地区需加盖保温物防冻,须防范鼠畜为害。

山地特色蔬菜安全高效生产技术
shandi tese shucai anquan
gaoxiao shengchan jishu

五、魔芋

　　魔芋（*Amorphophalms konjac*）又名蒟蒻、鬼芋、花梗莲、蛇玉米和花伞把等，是天南星科魔芋属的多年草本植物，其地下球茎可药食兼用。我国是魔芋的主产国，秦岭以南，以贵州、四川、湖南、云南、广西、福建等省区种植居多。早在2000多年前，我们的祖先就用魔芋来治病，医药典籍《本草纲目》《开宝本草》等均有所记载，认为其性味辛寒，具有解毒、消肿、抗癌、健胃、利尿、养发等功效。此外，魔芋具有良好的凝胶性、增稠性、保水性、高黏性，现已成为优质的膳食纤维源和功能性原料，逐渐被运用在食品、日用化工、医药、饲料工业等领域。

　　2013年，全国魔芋种植面积近154万亩，湖北省魔芋种植面积达47万亩，占全国种植面积的30.5%。湖北省较大规模（年加工100吨精粉以上）的魔芋加工企业有21家，可出产基础性原料魔芋精粉4万吨，折合年加工鲜魔芋能力52万吨，加工产值24亿元；具有以化妆品、日化用品、功能材料、功能食品为主营业务的企业5家，全省魔芋行业加工产值近36亿元，处于国内加工产值先进行列，约占全国魔芋加工产值的35%。

（一）植物学特性

1.根

　　魔芋根为弦线状须根，肉质，大部分根系着生于块茎上半部，在顶芽周围较多。根系入土浅，多数根系入土深10厘米左右，根长10～30厘米。肉质根上着生许多根毛，根毛发达，皮薄多汁，质脆易断。根的细胞间空气通道较小，应选择土壤疏松肥沃、通气性好的地方栽培。

2.茎

　　作为产品器官出售的魔芋块茎，通常是由顶部凹陷的扁球形体和凹陷中央处的一个肥大主芽构成的。主芽是由8～12个植物单位（节）构成，由鳞片包裹顶芽，清晰可见；而主芽以下的球茎结构很难找到节和节间有规律的痕迹。

魔芋具1个主芽,又称顶芽。1~3年生球茎顶芽为叶芽,4年生以上的块茎顶芽为花芽。叶芽在球茎顶芽萌发时开始分化,经1年完成,叶芽分化产生叶柄轴。花芽分化产生花穗轴。年幼的块茎是椭圆形,随后逐年变成圆球形、扁球形。

3.叶

叶着生于块茎上,分鳞片叶和复叶。鳞片叶4~7片,萌芽后从土中伸出,似指状,先端尖,包裹于复叶叶柄或花序柄基部,属不完全叶。复叶为完全叶,叶柄直立,叶片大。叶青绿色,全缘。复叶1年只发生1次,而且每株只产生1叶,叶没有再生能力,生产中要妥善保护。叶的生长往往与地下球茎的膨大率成正比。不同生理年龄的球茎抽生的叶片不同,从种子繁殖第1年起,随着球龄的增大,叶片分裂方式呈规律性变化,一般3年以后叶型稳定。

魔芋叶柄由顶芽抽出,粗壮、中空、表面光滑或粗糙具疣,呈圆柱状,底色为绿色或粉红色,有深绿色、墨绿色、暗紫褐色或白色斑纹,是区分不同种的标志之一。

4.花(图1)

从播种起,花魔芋经4年,白魔芋经3年,顶芽可能分化为花芽。花魔芋的花芽在秋收时已分化完全,其形状比叶芽肥大,能明显分辨花芽球茎及叶芽球茎,而白魔芋直到春季播栽时花芽尚未分化完全,外形难与叶芽区分,花株开花比花魔芋迟1个多月。

花单性,属于虫媒花,雌雄同株。佛焰花序,花序由花序柄、佛焰苞和花序三部分组成。雌花排列整齐,柱头开裂,花柱短。子房近球形,胚珠倒生。雄花花丝短粗,花粉球状,数量多。附属器剑形,长短不一,多数能伸出佛焰苞。雌花先熟,开花时臭味浓,在空气湿润时利于坐果。

在生产上,当以商品芋为收获器官时,应尽量不栽花芽种芋。花魔芋的花芽容易判断,只要是冬季挖收时魔芋芽长5厘米以上,明显不同于其他魔芋可不作为种芋留下,而直接加工处理;白魔芋则应尽可能选小球茎和根状茎作种芋,可大幅度避免误栽花芽种芋。如果魔芋出土后,发现误栽花芽球茎了,可以拔掉花亭,原球茎上将很快重新长出2~5个新植株,也可收获新球茎。反之,如果以有性杂交收取种子为目的,要选用花芽魔芋作种芋。

5.果实和"种子"(图2)

魔芋果实为椭圆形的浆果。每株结果600~800个,幼果绿色,成熟后为橘红色或天蓝色。每个果实有"种子"1~4粒,这种种子虽着生于子房壁内,但它不是真正植物学意义上的种子,而是一个典型的营养器官——球茎。经正常受精形成的合子,不再形成子叶、胚根和胚芽,而分化发育成球茎原始体。因此,虽然果实中的"种子"不是真正的种子,但它仍然经过了有性过程,并且能正常长成植株,仍然可作为杂交育种用种。

魔芋属中有少数种能在叶部形成珠芽,通常在叶片中央、一次裂片分叉处或小叶片上面或叶柄分歧处形成珠芽,如珠芽魔芋、攸乐魔芋。

图1 魔芋花

图2 魔芋"种子"

（二）栽培特性

　　无论是从魔芋的起源地，还是从现在的丰产区的环境条件分析，可以发现魔芋的生长和块茎的形成要求有一个温湿相宜的环境。魔芋喜温湿、怕炎热、不耐寒、忌干燥、怕渍水、较耐阴；要求土壤疏松透性好，土层深厚、透水，有机质丰富而肥沃，土质微酸至微碱（pH6～7.5）。影响魔芋生长发育的主要环境因素主要是温度、光照、水分、土壤pH值等。

1.温度

　　魔芋是一种对温度变化较为敏感的作物，温度的高低直接影响其生长发育和栽培生产。魔芋球茎在5℃左右开始萌发，适宜发芽的温度为20～25℃，高于45℃或者低于0℃时，5天左右即受害死亡。幼芽在15℃以下生长缓慢，35℃以上生长迅速，但是比较纤弱，出叶时叶成卷筒状。叶片在20～30℃之间生长正常，叶绿素含量高，光合作用亦为最佳期。低于15℃时，叶片变黄，地上部倒伏，35℃时叶片略褪色，叶绿素发生降解，出现初期伤害症状。魔芋球茎发育最适温度22～30℃，昼夜温差越大，越能促进干物质的积累。魔芋球茎不耐低温，温度在0℃以下时，会引起细胞内水分结冰，细胞结构遭到破坏，使球茎失去活力。所以，在海拔较高的地区种植魔芋时要考虑冻土层的厚度。冻土层深的地区，魔芋不能留地越冬，必须将球茎埋于冻土层以下或者采用其他防寒方式保存。在魔芋的实际栽培生长季节内，日平均气温在17.5～25℃的地区，最适宜种植魔芋。白魔芋能适应海拔800米的矮山区种植，从发芽至倒苗需活动积温4863.1℃，有效积温1658.1℃；花魔芋适宜在海拔800～2500米左右的山地上生长，需活动积温4279.8℃，有效积温1089.3℃。

2.光照

魔芋是一种半阴性植物，喜欢散射光和弱光，这与魔芋原产于热带森林的特性有关。因当叶面温度达到40℃以上时，就会发生日灼病。净作的魔芋植株，显著比与高秆作物间作的植株先衰老倒苗。魔芋适宜荫蔽度为40%～60%，40%以下效果不理想，发病率高；而60%以上的荫蔽度虽然可以有效避免发生日灼病，但是球茎的膨大较差。此外，植株上部的遮挡，可以减轻暴雨对土壤表层的冲击，使土壤表层保持疏松状态，调节土壤的温度和通气状态，有利于根系生长和球茎膨大。随着魔芋产业化的发展，采用与玉米等高秆作物间作以满足魔芋的荫蔽栽培条件的栽培方式。

3.水分

魔芋喜湿，在生长前期和球茎膨大期需要土壤保持较高湿度，当湿度为80%时最佳。湿度过高，土壤通气性降低，不利球茎膨大。9月中下旬的生长后期，需适当控制水分，土壤含水量应由80%减少到60%，以利于球茎内营养物质的积累。雨水过多或田块积水，会导致球茎表皮开裂，易传染，使球茎在田间或者贮藏期间腐烂。干旱会导致起魔芋叶绿素的降低和蛋白质的下降，水分对魔芋结

实也有重大影响，空气和相对湿度影响更大。盛花期空气湿度在80%以上时，才能结实，低于80%时，结实率极低。在海拔400米以下的地区，魔芋常开花而不结实，除雌花先熟的原因外，多是空气湿度过低造成的。

4.土壤

魔芋球茎生长于地下，所以对土壤条件的要求较高。土层深厚、质地疏松、有机质丰富、通气排水良好的轻质沙壤土最适宜魔芋生长，松厚肥沃的土壤是魔芋根系发育和球茎膨大的重要保证。黏重、透气不良、容易板结的土壤不适合魔芋生长，不仅产量低，易发病，而且球茎形状不整齐，表皮粗糙。土层太浅的土壤不适于魔芋球茎换头和膨大。魔芋最适宜在pH值6.5左右的微酸性土壤生长，中性和微碱性的土壤也能种植魔芋，但是较酸或者较碱性的土壤不适合魔芋的生长，魔芋在酸性土壤病害较重。白魔芋比花魔芋更喜偏碱性的土壤，即pH值在7～7.5时，产量较高，而pH值低于6或者大于8时，产量大减。总之，应对田块深耕细耙以改良土壤结构，增施农家肥以增加土壤的有机质，提升保肥保水性，适当施加石灰以调整土壤的酸碱度。

5.养分

魔芋种芋萌发后，只需保证水分充足，不需要施任何肥料仍能出苗长叶，因为魔芋种芋含有成苗所需的营养物质。但当叶片展开后，尤其是换头结束后的新球茎迅速生长期魔芋植株对矿物质的需求十分大。魔芋在整个生育期中，吸收钾肥最多，氮肥次之，磷肥最少。钾肥能促进叶片合成光合产物并输送到球茎，增加淀粉和葡甘聚糖的含量，对提

高球茎品质和耐贮藏性等作用明显,并能促进植株生长健壮,增强植株的抗病能力。氮肥能促进地上部分生长繁茂,促使叶色浓绿,增加光能利用率,加快有机物的积累,促进蛋白质或者酶的合成。但是氮肥过多时会引起地上部分徒长,减弱植株对病虫害和异常气候的抵抗能力。磷肥不仅能促进植物的正常发育,还能提高球茎产量以及品质,增加淀粉与葡甘聚糖的含量,提高球茎的耐贮藏性。重视底肥和适时追肥是魔芋种植的重要措施。栽种魔芋时,施入生育期需肥总量80%以上的底肥。在一定肥力条件下,有机肥料施入的多少与魔芋的产量呈现相关性。科学合理搭配氮、磷、钾并适时使用,是提高魔芋产量和品质的重要保证。

6.风及其他条件

魔芋怕强风,却又需要微风,选择地块时要考虑通风条件。在山区应避开山巅、陡坡,结合光照和风力等条件在坡向、坡度和海拔等方面综合选地。要防治暴雨对地表及魔芋植株的冲刷。大风易折断魔芋叶柄和叶片,使植株失去唯一的功能叶,对产量的影响极大。

因此,在魔芋栽培的各个关键环节上,要尽量满足魔芋最佳生长条件需求,科学精细管理,才能达到魔芋高产高效生产的目标。

（三）栽培技术

魔芋是近些年来大面积规模化种植的特种经济作物,对栽培技术有较高要求。笔者在长期的实践探索中总结出了魔芋栽培的关键技术,即魔芋栽培要重点把握八道关:种植地选择关、种芋精选处理关、合理套种间作关、适时播种关、科学施肥关、病虫害防治关、栽培管理关和规范采挖关。只有掌握了这些栽培关键技术,才能获得高产稳产。

1.种植地选择（图3,图4,图5,图6）

魔芋多产于山区,属半阴性植物,喜温暖湿润,忌高温干旱。由于山区呈立体气候特征,因此在选地时,最重要的是对当地海拔高度的选择。海拔高度为500～2500米的山区或者丘陵地带一般是种植魔芋的适合生产用地,夏季比较阴凉湿润,利于魔芋生长,冬季气温比较温暖干燥,便于魔芋采收和贮藏。如果海拔稍高则应选择向阳的地块,通过地膜覆盖来改变小环境气候以适应种植魔芋。如果海拔较低则应选择朝南有荫蔽的缓坡地。在平地种植时,应选择有果园或茶园的地块,或者与其他高秆作物间作,避免强烈的日照对魔芋生长造成影响。

其次,选地时要考虑种植田块的前作,重茬或前作种过向日葵、辣椒、马铃薯、番茄、烟草、生姜、红麻、高粱等作物的土壤,再种植魔芋时易发生软腐病和其他病虫害,魔芋产量会受到影响。

选地时还要考虑土壤状况。种植魔芋应选择土层深厚、有机质含量丰富、透水透气、保肥保水、不积水的沙壤土。土质黏重的田块虽保肥保水性好,但排水透气性差,易积水,而且不利块茎膨大,影响块茎形状。保肥保水性差的沙质土壤,夏季烈日下土温易升高,容易灼伤根部,诱发根腐病。对选择地块时

图3 魔芋净作

图4 魔芋—玉米套种

图5 魔芋—经济林套种

图6 魔芋覆草栽培

还应注意土壤的酸碱性,魔芋适合在中性和弱酸性的土壤中生长,pH值为6～7.5为宜。魔芋种植在酸性土壤中容易发病,黄壤土、红壤土的地块一般呈酸性。如果选择的地块酸性较强,可在耕作前撒施石灰、草木灰和农家肥来改良。如果选择的地块碱性较强,可通过增施农家肥或撒施石膏来改良。

由于魔芋的叶柄机械组织不发达,容易被碰断,所以选地时应选择避风、不易被人畜践踏的地方。魔芋地块尽量靠近水源,以利于灌溉。

2.种芋准备

应选择年龄较小、块茎不畸形、芽窝小、口平、顶芽粗壮、块茎表面光滑鲜亮、无皱裂、无伤烂和无霉变现象的种芋,重量一般在100～500克之间为宜。

魔芋不耐运输,最好选用当地或附近的种芋。如果需要运输引种,则应防止运输中擦伤种芋,否则种芋会烂掉。以下为种芋播种前的处理要点。

(1)伤口处理。凡经切块的种芋,要用草木灰或生石灰粉等涂抹伤口,也可用烟火熏烤。对因机械受伤而腐烂的种芋应切除腐烂部分,用草木灰涂抹伤口,防止细菌浸染,促进伤口愈合。

(2)晒种。播种前将所选择的种芋平

铺,让太阳暴晒一两天,利用阳光杀死部分病菌,加速种芋养分的转化,提高发芽率,加速出苗。

(3)消毒。为减少种芋带菌,可选择下面任何一种配方和方法进行消毒:75%百菌清可湿性粉剂500倍与72%农用硫酸链霉素可湿性粉剂1500倍混合液浸泡30分钟;20%生石灰乳浸泡20分钟;77%可杀得可湿性粉剂1000倍与72%农用硫酸链霉素可湿性粉剂1500倍混合液浸泡30分钟;50%多菌灵可湿性粉剂500倍或50%甲基托布津粉剂500倍液浸种30分钟;硝基黄腐酸盐600倍与50%退菌特可湿性粉剂800倍混合液浸泡30分钟;用600倍硝基黄腐酸盐与400克/升杜邦福星(氟硅唑)800倍混合液浸泡30分钟;将种芋表面均匀裹上一层三元消毒粉(按硫黄粉∶生石灰∶草木灰=2∶50∶50的比例混合均匀);采用50%甲基托布津可湿性粉剂或50%多菌灵可湿性粉剂做种芋粉衣消毒。

在浸种过程中应注意避免损伤种芋,可先将种芋种装入竹篮后一并浸种,达到浸种时间后将种芋连同篮子一起捞出,待晾干后即可播种。

3.施基肥(图7)

魔芋种植时使用的基肥包括农家肥、商品复混肥或魔芋专用肥等。播种前重施基肥,每亩施农家肥2500～5000千克、复混肥或魔芋专用肥50～80千克。作为基肥的农家肥必须充分腐熟,以达到大量杀死农家肥中的病原微生物及草籽,提高肥效的目的。由于魔芋对氯离子敏感,所以必须采用硫酸钾型魔芋专用肥或硫酸钾型复混肥,切忌使用氯化钾型专用肥或氯化钾型复混肥。

可采用先施肥后播种(种在肥上)、先播种后施肥(种在肥下)、边播种边施肥(种在肥间)3种施肥方法。

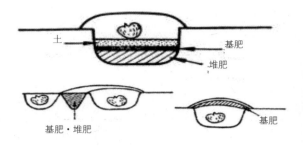

图7　基肥施用方法

(1)先施肥后播种(种在肥上)。即整田后挖12～15厘米沟,然后在沟底施农家肥,再在农家肥表面施专用肥或复混肥,接着再盖3厘米厚的土,并放种芋(主芽斜向上,下同),最后盖土起垄。这种施肥方法适合腐熟不够彻底且用量大的农家肥。在魔芋病害发生流行较重的地区,适宜采取这一施肥方法。

(2)先播种后施肥(种在肥下)。即整田后挖10厘米深的沟,然后播种,接着再将农家肥盖在魔芋种上面,再将专用肥或复混肥撒施在农家肥上,最后盖土起垄。这种方法适合腐熟彻底且肥量大的农家肥施用。

(3)边播种边施肥(种在肥间)。即整田后挖10厘米深的沟,先将魔芋种按要求放入沟内,同时在种芋之间点施农家肥,然后在农家肥上或种植行旁撒施专用肥或复混肥,最后盖土起垄。这种方法适合中等肥量的农家肥施用。

4.播种(图8,图9)

(1)播种时间。魔芋可以春种也可以冬种。所谓春种就是在清明到谷雨之间,即4月中上旬,气温回升到15℃时播种。春种是较为合适的时节,可以普遍采用。当种芋的顶芽长至1厘米,新根也开始萌动时是播种的最好时机。如果过早播种，当遇到倒春寒或气温偏低的天气，种芋就容易冻伤，甚至发生软腐病而烂种；如果过晚播种，种芋自身会发芽，顶芽就会长得太长，容易折断，还会影响根系的生长。

冬种就是在11～12月挖收魔芋时，边挖边种，挖大留小，让种芋在地里越冬。这种方式只适合于气候温和、霜冻轻微、冰雪少见的平坝地区。在挖大留小时，如果不注意将种芋适当深植，遇上霜冻，种芋损失可高达一半。冬种是传统的半野生种植方式，缺点很多，一般不多采用。

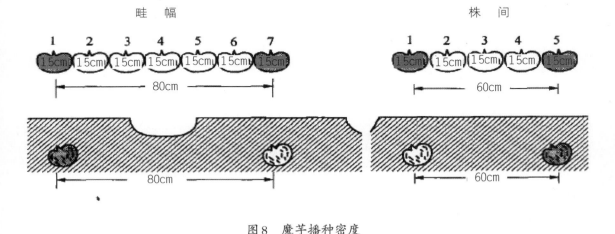

图8　魔芋播种密度

图9　魔芋播种方法

（2）播种密度。一般采取宽行、窄株栽种。不同年龄的种芋栽植密度也不一样。一般株距为种芋直径的4倍，行距为种芋直径的6倍。一般100克左右的魔芋种，每亩用种量约400千克；150克左右种芋每亩用种量约500千克；200克左右的种芋重每亩用种量约600千克。

（3）播种方法。一般采用高畦栽培，每畦植2行，宽畦浅沟可增加种植行数。种芋平地均按45°斜植，若为倾斜地，则应顶芽顺坡向上种植。覆土深浅要按地块的土层深厚而定，一般覆土6～9厘米。

5.田间管理（图10，图11）

（1）除草。魔芋田间的主要杂草有繁缕、辣蓼、灰天苋、三叶草、水蒿、竹节草等。这些杂草会与魔芋争养分，影响魔芋根系和块茎的正常生长，是造成魔芋减产的重要原因之一。

①整田及苗前除草。在种植田耕整前7～10天及在5月底、6月初魔芋出苗前选用20%克无踪水剂600倍、30%飞达可湿性粉剂500倍或10%草甘膦250倍，选其中一种除草剂进行田间喷雾除草。

②苗后除草。魔芋出苗后至封行前，进行人工除草，除草时务必注意防止魔芋植株及根系受到伤害。

（2）追肥。

①追肥时间及施用量。魔芋出苗后，于7月上旬、8月上旬分两次根部追施尿素，每亩每次追施5～8千克，7月中旬以后每20～25天选用颗粒丰（1000倍）或磷酸二氢钾（0.5%）等进行叶面追肥，连追两三次，叶面追肥可与防治魔芋病虫害药剂混配施用。

②追肥方法。根部追肥：魔芋出苗后进行根部追肥，方法是将商品肥（尿素等）均匀撒施在魔芋株行间，切忌让肥料接触叶柄基部，或将肥料撒在魔芋叶片上或弄伤魔芋植株，否则会导致魔芋叶烧病和其他病害发生。叶面追肥：在进行魔芋病虫害药剂防治时，配制好药剂后，再将叶面肥按浓度要求与药剂混合均匀后喷施。喷施时叶面叶背应喷洒均匀，切忌在施药过程中伤害魔芋。

（3）灌溉与排渍。魔芋在生长过程中，前期怕水淹，后期怕干旱。魔芋苗期需水不多，保持土壤湿润即可。进入7月以后，魔芋块茎迅速膨大，需水量较大，如果遇上干旱天气，就会出现叶片发黄、叶柄干缩、早衰倒苗，甚至引发白绢病、根腐病等病害的蔓延，从而严重影响产量。

灌溉一般结合追肥进行。但在7～9月常

常会遇上干旱天气，此季节内及时灌溉就显得尤为重要。每次灌水不能超过畦面，以沟深的2/3为宜，有条件的地方可以采取喷灌。魔芋虽然喜湿，但不耐渍，所以还要做好排水的工作。灌水时达到畦面湿润即可，即灌即排，田间不能有积水。地势较低、地下水位较高的田块，要注意开好围沟、厢沟及腰沟，确保在暴雨和持续阴雨过后，魔芋田能排水通畅、不渍水。

（4）清洁田园。在魔芋生长的全过程，都必须保持魔芋田间清洁卫生，染病、受损的魔芋及杂草要清除干净，特别是要注意剔除"中心病株"（魔芋软腐病先是几株发病，形成发病中心），即发现"中心病株"后，要迅速将其挖除、移出田外，在远离魔芋田的下游处进行深埋或烧毁。对"中心病株"所在穴用生石灰或其他药剂进行撒施或灌兜等消毒处理。

（5）病虫害综合防治。魔芋的主要病害为软腐病、白绢病、根腐病、枯萎病等，主要虫害有甘薯天蛾、豆天蛾、斜纹夜蛾等，对魔芋主要病虫害防治多采取综合防治对策（见附录4）。

图10 魔芋白绢病

图11　魔芋软腐病

（四）收挖与贮藏

1.收挖时期

首先确定魔芋最佳收挖时期。随机选择10株魔芋植株，挖开观察，如果离球茎基部5厘米处的叶柄上硬下软，用手即可拔掉叶柄，且脱落处光滑，则表明魔芋成熟，否则表明魔芋未完全成熟。若上述10株预选植株绝大多数均已成熟，则可以收挖。魔芋的收挖期一般以霜降前后选晴天和土壤干燥时收挖较好。

2.收挖与贮藏方法

收挖时，从地边一角顺着魔芋行小心开挖，收获时注意精选抗病优良种芋，并将种芋与商品芋分开放置，且注意将大球茎、小球茎、根状茎及带病、带伤芋分开，轻拿轻放。收挖完成后，将商品芋及时送往魔芋加工基地进行加工，将种芋用篮筐装运至用于贮藏的房屋场地晾晒预处理，按架藏方法进行贮藏处理（见附录4）。

六、薇菜

南方薇菜,学名紫萁,俗称蓝茎苔、猫耳蕨,中医上称紫萁贯众或高脚贯众等,是一种宿根性多年生蕨类植物。在每年春季初生嫩叶柄(拳卷期)时采集嫩叶柄加工而成的山野菜,商品名为薇菜。

南方薇菜是一种药食同源的特色山野菜,有很高的营养价值和经济价值,质脆味美,含蛋白质、有机矿物质及多种维生素。

薇菜生长于高山、沟谷之中,无污染,被视为对人体十分有益的高级"山珍海味"。薇菜香气沁人,风味独特,倍受人们的青睐,是各类宴席的美味佳肴(图1,图2)。

(一)植物学特性

薇菜株高50～80厘米。根状茎粗短斜升,叶二型,有营养叶和孢子叶之分,簇生,幼叶密被棕色绒毛。营养叶为二回羽状复叶,平展,能进行光合作用,比孢子叶生长期长,一般至当年11月地上部分枯死,以宿根越冬,营养叶三角状阔卵形,长30～50厘米,宽25～40厘米,腹面有浅纵沟,禾秆色,顶端以下二回羽状复叶,互生,近平展,几无柄,宽披针形,长羽片5～8对,对生,略斜向上,有柄在基部,下部的长10～14厘米,宽6～9厘米,奇数羽状。二回羽片4～7对,基部圆形或圆楔形,长3.5～4厘米,宽1～1.5厘米,边缘具匀密的矮钝锯齿,基部偏斜,坚纸质和薄革质,细嫩时有黄棕色绒毛,叶脉羽状,侧脉二叉分枝。孢子叶羽片收缩成狭线形,红棕色,无叶绿素。孢子囊生于羽片边缘,产生孢子粉,是形成原叶体繁殖后代的材料,孢子成熟后孢子囊开裂,孢子粉散落地面,孢子叶先于营养叶枯死。孢子叶柄长20～45厘米,叶片二回羽状,长18～30厘米,宽3～6厘米,羽片三四对,斜向上,小叶片高度收缩退化成呈线形,长1.5～2厘米,沿主脉两侧密生孢子囊。有时在同一叶上也能看到孢子叶和营养叶。

图1　南方薇菜植株

图2　南方薇菜叶片

（二）栽培特性

薇菜主要分布在长江流域以南地区，以四川、湖南、湖北、贵州、广西、云南、安徽较多，陕西南部、甘肃南部和台湾也有分布，主要生长于山坡林下或荒地的酸性土壤上。薇菜喜温喜湿，忌阳光直射，伴生植物有苔藓、山苍子、芒萁、马尾松、杜鹃、狗脊等。在秦岭以南海拔300～2400米的山地均有分布，800～1500米地区长势良好。

影响薇菜生长和分布的环境因子有坡度、海拔、温度、湿度、光照强度、土壤类型等。其中，温度、光照强度、土壤的酸碱度为影响薇菜生长与分布的主导因子。

1.湿度

薇菜多生长于林下、山野阴坡或溪边等阴湿的环境中，喜温暖湿润，不耐干旱。薇菜在空气相对湿度为80%左右长势最佳，湿度过低过高都不利于薇菜生长，湿度过高不利于营养元素的积累，湿度过低则会导致生理代谢活动

缓慢。薇菜多在河边、溪边等阴湿的环境生长，这主要是因为成熟的孢子落地后萌发形成配子体，配子体的生长非常缓慢，从配子体的发生到幼孢子体的形成，大约需要3个月，期间需要湿润的环境。由于薇菜在长时间内始终需要湿润的环境，因此限制了其分布范围，这也是造成其数量稀少的主要原因。

2.温度

温度对薇菜的生长影响也较大，薇菜在12～30℃的环境中都能生长，在20℃左右长势最佳。温度过低时生长缓慢，温度高于30℃时则生长停滞，甚至死亡。

3.光照

薇菜对光照需求不多，以散射光或漫射光为佳，光照强度在2000lx左右为宜。因此，比较适合在荫蔽度30%～50%的林下生长。光照强度过大时，薇菜植株矮小；光照强度不

足时,薇菜植株较高,但较细弱。

4.土壤

薇菜适于生长在土壤腐殖层较厚的弱酸性(pH5.7～6.3)沙壤土。

有调研表明,林地间腐殖层中的大量枯枝落叶在微生物作用下分解腐烂后具有保肥保湿能力,可以供给薇菜生长所需养分,促进薇菜生长。生长在有机质含量大于20克/千克的土壤中,生长的薇菜数量和产量明显高于有机质含量小于20克/千克土壤中的,

并且薇菜的地径和株高也与土壤有机质含量成正比。因此,在腐殖质层较厚的林地环境中,薇菜生长明显优于腐殖质层薄的林地,主要表现为产量增高。

土壤酸碱度是影响薇菜生长的另一个因素。薇菜主要生长在pH值5.4～6.3的土壤,说明薇菜喜偏酸性的土壤中。地径和株高随土壤酸碱度变化不大。在土壤pH值大于7的地区,几乎没有薇菜生长,而在土壤pH值5.7～6.3的地带分布的薇菜数量占总数的66.2%,并且长势旺盛。

（三）栽培技术

1.薇菜孢子种苗繁育技术

薇菜种苗的繁育方式有三种方法,一是采用薇菜孢子繁殖,二是采挖薇菜野生老苑分苑繁殖,三是组织培养繁殖。

（1）薇菜孢子种苗繁育技术（图3,图4,图5,图6,图7,图8）。该技术利用薇菜成年植株在每年的4～5月份产生的孢子粉通过人工培育薇菜种苗的方法。目前国内外有两种薇菜孢子繁殖技术。

①薇菜孢子三段式育苗技术。该技术是20世纪90年代末由湖北民族学院何义发教授与湖北长友现代农业股份有限公司的技术人员共同发明的,用薇菜孢子粉播在遮阴的育苗基质上,通过一年培育出一段小苗,再把一段苗假植在育苗器皿内经一年时间培育第二段苗,然后把二段苗栽入苗床上通过一年时间培育移栽大田的三段苗。这种育苗方法周期长、成本高,很难大面积推广。

②薇菜孢子漂浮式两段育苗技术。利用

泡沫育苗盘装上育苗基质播种薇菜孢子粉通过漂浮的方法培育孢子一段小苗（需一年时间）,用苗床假植孢子小苗培育二段大田栽培壮苗（需一年时间）。该育苗方式与其他育苗方式比较具有提高出苗率、缩短育苗时间、减少投资、减轻劳动强度、便于管理、能有效地保护野生资源等优点,可以完全满足薇菜产业发展的需求。（见附录2）

（2）南方薇菜的老苑分苑繁殖技术。采挖野生老苑是在野生产区采挖根系发达、苑根状茎直径5厘米以上,每苑5个叶柄以上的健壮老苑。采挖应在秋后薇菜地上部分基本枯死后至春季萌发前进行,可与大田整地同时进行,下雪冰冻、未整地时不宜挖取。采挖的老苑要求尽量带土,不损伤根系和芽头,保持种苑的完整形。对于生长10年以上的少数多芽头大苑可以人为分苑繁殖,一般保持分苑后的根茎大小在拳头以上（直径5厘米以上）,一定要保持较完整的须根,不能伤芽头,最好在分苑后及时移栽。在采挖、

堆放、运输过程中避免暴晒，要覆盖遮阴，不使种苑外露，采用保温、保湿措施，防止根系失水，尽快定植于大田。这种方法操作简单，见效快，在人工种苗基地还没有建成的条件下，可以暂时选用，但从长远看不提倡采挖野生老苑繁殖。一是采挖野生老苑对野生资源造成了一定的破坏，生态环境被破坏后难以恢复；二是采挖老苑需要大量劳力，费时费工，难以满足人工栽培所需的大量种苑；三是薇菜种苑年龄、生长状况、所处的生态环境不一致，移栽到同一地块后适应性不同，因此，成活生长差异较大，很难夺得高产。

（3）南方薇菜的组织培养技术。取薇菜孢子囊组织或茎尖组织通过培养基进行培养，长出原叶体后再进行分离扩繁培养，长出小苗后栽入育苗器皿中再培育成大苗移栽到大田的方法。这种育苗方法成本高，目前难以推广。

2.薇菜的栽培模式

（1）玉米地套种。山区适宜采用玉米——薇菜套种法。薇菜套种的玉米田块面积较大，海拔800～1500米地区的耕地适宜套作。一般套作时间为3年，3年后由于薇菜封行不宜再套作玉米。加上第3年薇菜已经进入丰产期，为了早日实现高产，现在推广的与玉米套作的薇菜孢子苗以亩栽4000株为宜。南北向开厢种植有利于玉米生长期给薇菜苗遮阴，规格以1.5米开厢种双行薇菜，中间种一行密植玉米，玉米株距为15～16厘米为宜，亩栽2800株左右，玉米亩产400千克。

（2）经济林下种植。南方的经济林种植面积较大，如杜仲、厚朴、板栗、柑橘、柚子、犁、杨梅、李子、樱桃等经济林下都可以适度种植薇菜。但荫蔽度大的经济林不宜栽种薇菜，一是栽种后生长不会很好，二是6～8月白粉病高发，会严重影响薇菜产量。对于经济林栽种较稀的田块，亩栽薇菜2000株左右为宜。

（3）遮阴栽培。主要是适用于春季移栽的野生苑大田或4～5月大田移栽孢子苗的田块。通过多年试验，移栽后的第1年用遮阴网搭拱棚进行栽培，可以确保薇菜成活率达90%以上，第2年不需再遮阴栽培。亩栽薇菜4000株为宜。遮阴栽培成本较高，不适宜大面积推广。

（4）零星种植。利用房前屋后、水塘边等边角余地进行零星栽种薇菜，可以充分利用空间，对于山区农村来说是很好的庭院经济模式，不需要更多的管理人员和投入便可获得一定的经济效益。这种方式在不同的海拔只要是适宜薇菜生长的地区均可进行，日常管理方便。各地的薇菜栽培密度要因地制宜，原则是有利于早日夺得高产。

3.薇菜大田高产栽培技术

（1）定植造园种苗移栽。

①移栽苗标准。薇菜孢子苗经过2年培育后，每苑有3个以上叶柄，苗高10厘米以上，根系比较发达即可移栽。野生薇菜选择老苑根系发达、根状茎直径5厘米以上，每苑5个叶柄苗以上的健壮老苑。

②定植时间。除去高温时段的7月、8月定植成活率很低外，其余时间均可定植，但最佳定植时间为11月下旬至次年1月，因为此时段为薇菜休眠期，定植后进入春季，根系会很快恢复生长，有利于提高大田定植后的成活率。

③土地选择。宜选择海拔800～1500米，

土层深厚、富含有机质、保水保肥能力强、排水良好，pH值5~6.5的沙壤土或黄棕壤为主的土壤进行栽培。

④整地施肥。土壤深耕30厘米以上，整细土壤，清除田间杂草、前茬作物的残株败叶及石块等杂质杂物。可亩施腐熟猪（牛）圈肥2500~3000千克或45%硫酸钾型复合肥50~60千克。在起垄做厢前全田撒施或按设计的栽培规格厢内沟施。

⑤起垄做厢。根据栽培模式而定，目前推广的主要栽培模式是与玉米套作3年。最好选择南北向起垄做厢，按1.5米开厢起垄，厢面宽120~130厘米，厢高5~10厘米，厢沟宽20厘米，在厢中间移栽1行密植玉米。优点有：可以保证农户前3年薇菜没有收益时玉米产量基本不减，田间有收入；可以解决移栽后前期薇菜需要遮阴的问题，从而提高薇菜种苗移栽后的成活率；3年后薇菜田块已完全封行后已不需要再种玉米，已经可以收获薇菜，该套作方法深受农民喜欢。如果其他种植方式要根据具体情况而定。

⑥合理密植。孢子苗或野生老蔸每亩定植4000株，每厢栽两行，两行中间距70厘米，株距为22~23厘米，在70厘米中间栽一行密植玉米，玉米株距为15~16厘米。其他栽培模式的密度根据具体情况而定。

⑦定植要求。为便于定植后的田间管理，首先应将大小不同的种苗分级定植。分级对野生种苗尤为重要，因为种苗生长年龄不一致。定植时按设计的密度和规格在厢面拉绳挖穴（沟）栽，穴（沟）深、宽视种苗大小而定，以保证根系伸展而又不直接接触肥料。栽后覆土3~5厘米，然后用锄头或其他工具轻拍一遍厢面，忌用大力将厢面拍紧拍实。栽后浇定根水，有条件时在休眠前定植的田块要

求边栽边浇定根水，水量以种苗周围土壤充分湿润为限。如果在薇菜休眠期定植的，由于气温不高，只需要保持湿润就行。在休眠期以外温度较高时段定植时，应根据温度高低，将种苗上部叶片剪去一半或全部剪掉，以此减少水分蒸发，提高成活率。冬季定植的苗则不需要剪叶。

（2）大田管理查苗补苗。苗齐、苗全、苗壮是高产的基础。在定植后的第2年进行查苗补苗，可在春秋两季进行，为保证成活，补苗应选雨后进行，补栽后用土将种蔸根部覆紧盖实，然后浇定根水。

①水分管理。定植后的田块如果遇干旱，土壤缺水，就要及时浇水，使土壤处于湿润状态，提高成活率。如果连续阴雨天或暴雨过后要及时清沟排除渍水，防止渍水影响薇菜根系生长。

②追肥。对于第1年移栽的薇菜孢子苗，在春季齐苗后可亩施沼液1000千克，或追施商品生物有机肥50~80千克或45%硫酸钾型复合肥20~30千克。秋冬季施第2次，可适当加大用量，第2年孢子苗施肥量在上年基础上增加30%用量。对于第3年进入人工采摘期的大田，施肥在11月下旬至12月进行，亩施猪（牛）粪肥2500~3000千克、菜枯150~200千克、生物有机肥100千克或45%硫酸钾型复合肥50千克，结合冬季管理进行，施肥后用土覆盖。5月初采收结束后可亩施尿素25千克、硫酸钾型15~20千克。生长期视植株田间长势，每年可喷施几次磷酸二氢钾。对有机肥施用少的田块应注意补施磷肥，以达到氮磷钾供求基本平衡。此外，每年还应补充一定量的硼、锌、镁、铁等微量元素。

③清除杂草。采用人工除草和除草剂相

结合的方法进行2月下旬至3月上旬在薇菜嫩薹出土前亩用41%农达100毫升兑水喷雾进行化学除草,以后根据田间杂草生长情况,进行人工锄扯,沟间用锄除,厢面用手拔。11月在薇菜枯死后,人工割除地上部分茎叶和所有杂草并盖于薇菜厢面,还肥于大田。

④清沟排渍。每年2月下旬至3月上旬结合施肥和其他人工除草同步进行。连续阴雨天气和暴雨过后应及时清沟排出积水,防止田间渍水影响薇菜生长。

图3　薇菜孢子育苗

图4　薇菜孢子苗

图5　薇菜大田种植

图6　薇菜—玉米套种

图7　薇菜遮阴网遮阴

图8　薇菜自然生长

⑤病虫害防治。在人工栽培和野生状态下都有一些病虫为害，既影响当年的营养生长及营养物质的积累，还会对下一年薇菜的产量造成严重影响。病害包括生理性和侵染性两大类，为害较重的是侵染性病害。虫害主要有叶蜂、蚜虫、叶甲类，其中危害较重的主要是紫萁叶蜂。

生理性病害防治。生理性病害是因环境异常引发的病害，表现最为突出的是由于干旱缺水造成植株叶片缺水萎蔫。该类病害的防治应在生长过程中从水、肥、气、热、土等方面为其创造一个良好的环境，如采用覆盖遮阴，干旱缺水时及时补充水分，施肥时打穴开沟深施后盖土、不让肥料直接接触叶柄和根部等措施都可以有效防止此类病害的发生，一旦发生此类病害，只要相应的环境改善就可使症状得到缓解和消除。

侵染性病害防治。侵染性病害是有害生物侵染并寄生于植株体而引起的病害，薇菜的主要侵染性病害有白粉病、叶斑病等，以白粉病危害最为严重。每年5～7月，如遇多雨湿润天气，白粉病就会发生流行，发现中心病株后应及时用15%粉锈灵800～1000倍液喷雾防治一两次。做好清沟排渍、清除田间杂草等农业措施来降低田间湿度也是防止和减轻侵染性病害最为有效的措施。

虫害防治。虫害主要是紫萁叶蜂。紫萁叶蜂会取食薇菜幼叶，从展叶开始，为害期可持续一个月以上，目前只在个别田块出现。在防治上，一是在采集嫩薹时将拳状部带出种植区集中处理，以消灭其上的虫卵；二是发现有叶蜂为害时，利用初孵幼虫集中取食的习性，摘除有虫叶片进行人工灭杀，或用80%敌敌畏乳油1500～2000倍液喷雾防治。

（四）收获和加工

1.采收

（1）采收期。不同海拔高度、不同纬度的薇菜采收期不同。一般从3月下旬开始至5月上旬结束，其中采收盛期为4月，同一田块的采收时间为25～30天。冬季定植的野生薇菜老苑的田块，第2年长出的孢子叶只要达到采收标准就可以采收（如果不采收孢子叶长出只是消耗植株营养而枯死），留下营养叶进行光合作用。第3年开始除采完孢子叶外对营养叶可适度采收。对移栽的孢子苗田块，只要管理到位第3年就进入采收期，第5年进入盛采期。

（2）采收标准。在采收期内实行多轮次采收，达到标准一株采一株。当长出的嫩薹长度达到15厘米以上，基部直径0.4厘米以上，顶端孢子叶和营养叶未展开时即可采收。采收的嫩薹应鲜嫩健壮，无霜打冻害，无病虫残株，无纤维老化。

（3）采收方法。以人工手采为主，手握嫩薹基部顺势快速摘下，不要留茬过高，以免降低产量。采收时应去掉上部的孢子叶、营养叶及黏附在上面的绒毛。如果做发酵薇菜只需要去除绒毛，保留孢子叶和营养叶。采下的嫩薹放入干净的塑料框、背篓中，忌搓揉、挤压，以免折断嫩薹。

（4）采后处理。采收后不能久放，要立即进行初加工，以免嫩薹失水纤维化，降低成菜率,影响品质和产量。如采收的量过大,采收后遭遇阴雨天气或采收后不能及时加工,可用塑料薄膜等包装物将其包裹放置于阴凉处,有条件的可将鲜薇菜装入有内塑料袋中放入冷库保存,以减缓其纤维化速度,等到天气好转后再加工。

2.加工

薇菜干的加工工艺流程:抢烫——变红——揉搓——干燥——整理——贮藏。

(1)抢烫。用铝锅或不锈钢锅将水烧开至100℃,保持火势和水温(有条件的地方可用蒸汽冲水至100℃),然后将鲜薇菜放入锅中煮沸2~3分钟,水需淹没过菜,其间翻动一两次,待菜变成青绿色时立即出锅摊晒。抢烫要求不夹生、不熟过,否则在揉搓晾晒时会变成破、腐、黑、烂菜。抢烫后如遇阴雨天气,又无机械搓揉、烘干,可用抢烫本水浸泡(抢烫本水和薇菜分别冷确后用塑料袋或胶桶浸泡)保存几天,等待天晴。

(2)变红。将经过抢烫过的薇菜在室外用干净的晒席或簸箕等容器摊开(也可直接撒摊于干净的水泥地面上),直接见光使其变红。待上层的薇菜变红后,翻动几次,使其全部变红。变红时间根据天气状况有所不同,晴天需2~3个小时,阴天需6~8个小时,雨天需20~24个小时。有条件的地方可在室外搭建塑料棚进行撒摊,以免雨水冲泡腐烂。晴天变红的过程也就是失水萎蔫的过程,当失水萎蔫至折不断搓不破时开始揉搓。阴雨天待变红后用炭火烘烤至萎蔫后揉搓。采用链条式转动烘干机烘干效果最好。机械烘干既可以使薇菜失水萎蔫均匀、减轻炭火烘烤人工翻动的劳动强度,关键是可以解决采收量大,遇阴雨天造成烂腐菜的问题。

(3)揉搓。采用手工揉搓和机械揉搓两种方法。手工揉搓是将变红的薇菜堆放于容器上,如簸箕或木板,两手向下顺一个方向揉搓。整个过程要揉搓三四次,每次以揉搓出皱纹,出水为止,待水分晒(烘)干后再进行下一次揉搓,前两次揉搓要轻,以免损伤表皮。机械揉搓是利用薇菜揉捻机械进行揉搓,第1次轻揉后晒2~3个小时让薇失去部分水分;第2次中度揉捻,揉速可适度加快,揉好后晒2~3个小时让薇失去部分水分;第3次重揉,揉好后晒干为止。机械揉捻的效果更好、效率更高,特别是适宜集约化生产基地的初加工。

(4)干燥。薇菜抢烫后的变红、揉搓、干燥其实是一个循环(三四次)过程。在这个过程中,每循环一次也就经过了一次变红、揉搓、干燥的过程。晴天加工干燥最为理想,色泽和皱纹均为上等,从抢烫到完全干燥晴天需要两天,晚上要将半干的菜在室内薄摊保管,第2天继续在室外晾晒至干燥。阴雨天加工,少量的可采用炭火烘烤干燥,大量的要通过机械烘干,揉搓烘干,循环直至干燥。

(5)整理。干燥后去掉老梗、杂质,清除黑、霉、腐菜,按粗细分级用干净袋子分别包装,及时销售或精深加工。

(6)贮藏。如没有及时销售或精深加工,应放置于通风干燥处贮藏,防止霉烂变质而影响品质,有条件应放入冷库中贮藏。

七、蕨菜

随着社会经济的发展和人民生活水平的日益改善，国人的膳食结构和饮食习惯也在不断优化，对纯天然、营养高和具有保健功能的食品越来越青睐和关注。野生蕨菜就是其中一种符合现代饮食观点的山地蔬菜，它生长在野生环境下，没有受到化学污染，风味独特，营养丰富，还有美容保健等功效，所以深受喜爱。

蕨菜（*Pteridum aquilinum* var. latius-culum），又称吉祥菜、龙爪菜、龙头菜、拳头菜等，属凤尾蕨科多年生草本植物。蕨菜在我国很多山区都广泛分布，湖北山区蕨菜产量丰富。蕨菜通常在每年的3～6月采摘，口感爽滑、脆嫩，可凉拌、炒食、炖汤等。从营养价值来看，每100克蕨菜中含有1.6克蛋白质、10克碳水化合物、0.4克脂肪、1.3克粗纤维、24毫克钙等物质，还含有较高的各种氨基酸以及人体必需的无机盐、多种微量元素、纤维素、胆碱、麦角固醇等营养物质。嫩蕨芽富含胡萝卜素、蛋白质和维生素C等，其热量和含量甚至均高于茄子、番茄等蔬菜，可作为肥胖症、高血压病人的辅助药膳。常吃蕨菜，有利尿、解热、滋补、降压、祛风、化痰等功效，对头晕目眩、肠胃不适、慢性关节疾病等也有一定疗效。韩国、日本等东南亚国家和地区也非常推崇蕨菜的食疗功能，消费市场巨大，也是我国蕨菜外销的主要进口国，并且挖掘潜力还很大。

（一）植物学特性

蕨菜为多年生草本植物，一般株高达1米，地下根茎黑褐色，长而横向伸展，直径0.6～0.8厘米，长10余厘米，最长可达30厘米。叶由地下茎长出，为3回羽状复叶，总长可达100厘米以上，略成三角形。第1次裂片对生，第2次裂片长圆状披针形，羽状分裂，小裂片线状长圆形，无毛或仅在背面中脉上有毛，细脉羽状分枝，叶缘向内卷曲。早春新生叶拳卷，呈三叉状，柄叶鲜嫩，上披白色绒毛，此时为采集期。叶柄细嫩时有细茸毛，草质化后茎秆光滑，茸毛消失。夏初，叶里面着生繁殖器官，即子囊群，呈赭褐色（图1，图2，图3）。

图1　蕨菜植株

图2　蕨菜新生叶

图3　采摘的蕨菜

（二）栽培特性

蕨菜主要分布于温带和暖温带地区。在我国主产于长江流域及以北地区的黑、吉、辽、陕、甘、鄂、宁、青等省区。主要生长于海拔400～2500米的林缘、林下及荒坡向阳处。

蕨菜适应性很广，喜光，喜湿润、凉爽的气候。喜富含有机质、土层深厚、排水良好、植被覆盖率高的中性或微酸性土壤。在地温12℃、气温15℃时叶片开始迅速生长，孢子发育适温是25～30℃，在32℃的高温下能正常生长。-5℃时嫩叶受冻害，-36℃低温下宿根能安全越冬。蕨菜对光照不敏感，强光与弱光下均能正常生长，但在光照时间较长时生长良好。兑水分要求严格，不耐干旱。

（三）栽培技术

1.繁殖

（1）有性繁殖。在产区选择棕褐色孢子囊群，用剪刀将带孢子的叶片剪下，放入纸袋中风干待用。

用泥炭和河沙混合成育苗培养基质，放到培养玻璃器皿中。将孢子撒播在培养基质上，并浇入浅层水培养。保持温度25℃，湿度80%以上，光照每天4小时。1个月后孢子萌发，长成配子体。这时每天喷雾2次，连续1周，使精子与卵子结合形成胚，1周后发育成孢子体小植株。

孢子体长出三四片叶后，进行第1次移栽，仍用泥炭和河沙作种植土。7～15天后可移到室外床上。小苗长大后定植于露地。

（2）无性繁殖。首先要采集地下茎，在秋冬前蕨菜地上部分开始枯干时，即9月下旬就应将根部挖出。一般来说，蕨菜根系多分布在距离地表9～15厘米深处，最深也不过20厘米左右。

野生蕨菜的根系比较细长,直径0.7～0.8厘米,芽间的距离约10厘米左右,最长的为30厘米。因此,在采挖时应注意不要伤芽,尽量挖深一些,以保证移栽成活率高。

从山区挖来的野生蕨菜根,为了使其根系生长健壮,饱含养分,以便后期栽培生产,首要的问题是要进行根的培育。将蕨菜根移栽到旱田边角或较暖和的地方假植,加强防寒,避免冻伤根系和芽。待第2年冻地化透后开沟栽到地里,行距为60～80厘米,每亩约需蕨菜根10千克。株距可适当小些,一般为15厘米。

蕨菜野生于富含腐殖质、营养丰富的山区林间,喜肥,忌干旱。因此,施肥时应多施有机肥,每亩施5000千克腐熟农家肥,配施5千克硫酸钾型复合肥效果会更好。施肥应尽量在栽移前10天进行,不要在临近移栽前几天才施肥,以免发生烧芽现象。移栽后的要特别注意水分管理,经常保持土壤湿润。勤浇水,创造适宜蕨菜生长的湿度条件,是保证成活的关键。为了避免日晒风干,一般可在地表铺上秸秆或稻草。浇水时用喷水壶浇透、浇匀,并经常除草防荒。

移栽到地里的蕨菜,次年4月中旬根系可陆续发芽,7月末整个田地表面被叶片遮盖,发芽一直持续到10月初,在此期间根系在地下5～10厘米处纵横生长,积蓄养分。

2.露地栽培

(1)繁育及种植。春、秋季采集野生种,挖取粗壮根状茎作种苗,根茎长度应有2个叶芽以上,粗度10厘米。选择土质疏松、肥沃的地块,每亩施复合肥40千克,筑畦宽50厘米、高20厘米,开沟定植。蕨菜根状茎切成50～70厘米长,摆在沟内后覆土,株行距为10厘米×20厘米,第2年就可获得充足的种苗。

(2)选地及施肥。选择地势平坦、排灌便利、土层深厚、疏松肥沃的偏酸性沙壤土种植。每亩施复合肥30千克、腐熟优质农家肥3000千克,精耕细耙,使土肥混合均匀,土质细碎,筑垄宽100厘米。

(3)定植。在大垄上开沟,每垄种4行,株行距为20厘米×30厘米,每亩栽0.9万～1.1万株。栽后追施尿素一两次,亩用量7.5～10千克。及时防治杂草,可人工除草或用33%施田补喷雾除草。

(4)采收及复种。4～6月,幼茎长8～16厘米时即可采收,隔10～15天可再次采收,1年可连续采收三四次。最后1次采收后可种植西瓜等作物,可提高土地利用率,获得更高的经济效益。

3.保护地栽培

(1)搭棚、筑畦。选择避风向阳、地势平坦处用竹木或钢筋搭建简易中棚。土壤要求中性或微酸性、土质疏松肥沃、保水保肥力强、地下水位较低。为采摘方便,筑畦宽1～1.5米为宜。每亩施腐熟农家肥3000千克。

(2)适时栽植。在已筑好的畦床上,每隔20厘米挖深12厘米的条沟,将繁殖的幼苗按株距5厘米栽在沟内或接连摆放根茎,覆土厚5～10厘米,并盖上稻草或其他秸秆,洒适量水,然后覆盖棚膜或加盖地膜。

(3)田间管理。蕨菜喜湿润环境,经常用洒水壶喷水,但不可积水,雨天应及时开围沟排水。第1批芽苗出土后及时追施速效肥料(人粪尿或磷酸二氢钾)。栽后及时盖膜,促进萌芽,萌芽期保持地温15℃以上、气温20℃以上;出芽后为加速蕨菜的生长,要求气温达到25℃。移栽后1周需全天盖膜,以后白天适当通风换气。气温超过30℃时，可掀起大棚四周裙膜，并加盖遮阴网及草帘进行降温。

（4）采摘。采用中棚双膜覆盖栽培，可提早1个月上市，最早可在2月初春节期间上市苗高30厘米左右，新叶卷曲未展开时即可采收，每3天采收1次。

（四）采收与加工

1.采收

露地蕨菜一般在3月下旬至5月上旬间可陆续采收，低山缓坡可稍早，中高山区迟些采收。当蕨菜长出土面约20厘米长，顶叶尚未展开像"拳头状"时，即可采收。过早采收产量低，过迟采收则会导致茎秆纤维老化而影响品质。

2.加工

（1）腌渍加工（图4）。第1次腌渍。将清洗整理好的蕨菜按10∶3的比例用盐腌渍。先在腌渍器具的底部撒一层厚约2厘米的食盐，再放一层蕨菜，厚约5厘米，随后一层盐一层菜，依次装满腌渍容器，最上层再撒2厘米厚的食盐，上压石头，腌渍8～10天。②第2次腌渍。将蕨菜从腌渍器中取出，从上到下依次码放到另一腌渍器中，蕨菜和食盐的比例为20:1，一层盐一层菜地摆放。用35%的盐水灌满腌渍器，并在蕨菜表面压重物，腌14～16天。③盐渍加工。将清理分级好的蕨菜装桶盐渍。将42%的柠檬酸、50%的偏磷酸钠和8%的明矾分别研碎，充分混合后用10倍水调成盐渍液待用。在饱和盐水中加入调酸水，使盐渍液的pH值达3.5～4.5，待用。桶内先加入5%蕨菜重量的食盐，再加入蕨菜，在蕨菜

表面再撒上蕨菜重量10%的食盐，在桶内加满盐渍液，排尽桶内的空气，将盐渍桶密封即得成品。

图4　蕨菜腌渍

图5　蕨菜干制

（2）干制加工（图5）。将清洗整理好的蕨菜投入沸水中烫七八分钟。热烫液中一般加入0.2～0.5%的柠檬酸和0.2%的焦亚硫酸钠，有条件时使用洁净的硫黄，先经熏硫后再进行热烫。每100千克蕨菜的硫黄用量为0.2～0.4千克，蕨菜与热烫液的比例为1:1.5～2。热烫结束后立即用流动清水将蕨菜冷却至常温，然后晾晒或烘干。为防止蕨菜内外部水分不均，特别要防止过干使蕨菜表面出现折断和破碎，应剔除过湿结块、碎屑，并将其堆积1～3天，以达到水分平衡。同时使干蕨菜回软以便压块或包装。

蕨菜成品宜在低温、低湿条件下贮藏，贮藏温度以0～2℃为宜，不宜超过10℃，相对湿度在15%以下。

八、细管葱

　　细管葱（*Allium schoenoprasum* L.）是百合科（Liliaceae）葱属（*Alllium*）的多年生或二年生草本葱蒜类蔬菜，多作一年生栽培，别名冻葱、冬葱、慈葱、太官葱、绵葱、四季葱、香葱、分葱、科葱、小葱。细管葱生命力很强，只要土壤不是特别贫瘠或干旱都可以生长。细管葱的叶细筒形，淡绿色，叶鞘基部稍肥大，形成卵形假茎，夏季不休眠，株高20～40厘米。花薹端着生伞形花序，花序上有数百朵紫红色的小花，有很高的观赏价值，因此也常作为花坛的绿化植物。细管葱以食用嫩叶和假茎为主，具浓烈的特殊香味，可用作香料，也用作调味。细管葱的辛辣味缘于其大蒜油的成分，细管葱还含有相对较高的维生素C、胡萝卜素和钙。细管葱在欧美食用很普遍，可鲜食、速冻、调味品，还可用于汤类或作为点缀装饰。在西伯利亚常将细管葱腌渍贮藏以备冬季食用。湖北省五峰县生态环境良好，从2000年开始规模种植细管葱，主要以低温冻干产品出口欧盟等国。通过品种选育和采用配套的栽培技术措施，五峰生产的细管葱不仅在品质上明显优于国内外同类产品，而且单位面积产量和经济收益也处于领先地位。

（一）植物学特性

　　细管葱为多年生草本，高30～40厘米。鳞茎聚生，长圆状卵形、狭卵形或卵状圆柱形，外皮红褐色、紫红色、黄红色至黄白色，膜质或薄革质，不破裂。叶为中空的圆筒状，向先端渐尖，深绿色，常略带白粉。欧洲细管葱管径细、颜色深绿，福建细管葱则为嫩绿色。栽培条件下不抽薹开花，用鳞茎分株繁殖。但在野生条件下是能够开花结实的。

　　目前，湖北省种植面积最大的为湖北新桥生物科技有限责任公司选育的出口细管葱新品种新葱一号和新葱二号，其主要特征特性见表1。

　　新葱一号根系发达，入土可达30厘米，单株平均根数27根，有明显的分枝，分枝根长2～3厘米。株高一般在50～70厘米，春季旺长期可达90厘米。葱管直径4～8厘米，深绿,直立;葱白短,8～12厘米。分株力强,1年内单株分株数在30以上。冬季地上部分枯死,地下假茎略为膨大。2月下旬萌发,4月下旬至5月上中旬抽薹开花,花球紫色,单花数70～120朵。6月下旬至7月上旬种子成熟,种子千粒质量1.1～1.3克,比较耐热,抗病。新葱一号生长势强,生长速度快,适收期长,一次移栽可多次收割,1年可收割4～6次,每亩产量可达3000～4000千克。

新葱二号外部形态特征与新葱一号基本一致,耐寒性比新葱一号强,没有明显的冬季休眠现象,在冬季其地上部分不枯萎,可正常生长,春季抽薹开花及收割比新葱一号早1个月,能够达到"秋延迟,春提早"的目的,但产量比新葱一号略低。

表1 新葱一号、新葱二号特征特性

品种	株高（厘米）	葱白长（厘米）	葱管粗（厘米）	葱管长（厘米）		百根葱管质量（克）
				最长	均长	
新葱一号	70.5	10.92	0.60	67.0	42.56	89.5
新葱二号	68.8	9.98	0.56	63.4	41.40	84.5
德国全绿	54.8	9.60	0.35	45.4	32.90	67.0

（二）栽培特性

葱原产于西伯利亚,在我国栽培历史悠久,分布广泛,以山东、河北、河南等省为重要产地。

欧洲细管葱是从德国引进的新品种,适应性好,抗病性强,分蘖快,欧洲葱较耐热,在五峰高山夏季生长良好,冬季地上部枯死,地下部分越冬,第2年开春重新萌发新叶。欧洲细管葱对土壤适应性较强,在黏土、沙土中均能生长,但以壤土或黏壤土为优。种植在过于沙质的土壤时品质差。欧洲细管葱根系入土较浅,不耐旱亦不耐涝,因此要求土壤湿润、排灌条件好(水改旱的平田最好)、有机质含量高的地方。生长适宜温度在10～25℃之间。

（三）栽培技术

1.选种留种（图1,图2）

分株繁殖品种退化快,若不注意选种、留种,品种退化严重,对产量影响大。如果葱农自己留种,一定要建立专门种子田。首先要选择优良单蘖作种苗,其次繁种田要有一定隔离。大田育苗一般每亩用种量为300克，需15～20平方米的留种田。

图1　培育壮苗

图2　移栽苗

2.培育壮苗

育苗的关键在于防治猝倒病。防治猝倒病除了要做好种子与苗床的消毒工作外，重点是水肥管理。水肥管理要做到前保、中控、后促，即出苗前苗床保持见干见湿，保证出苗；出苗后至2根葱管间宁干勿湿，控制病害；2根葱管后适当勤施水肥，促进葱苗壮长。出苗后每5天喷施1次绿亨一号（噁霉灵），防治猝倒病和立枯病。

3.科学施肥

增施有机肥，每亩至少要施用腐熟农家肥6000千克或饼肥100～150千克。增施钙肥，每亩撒石灰50～100千克，达到调酸、补钙、杀菌的目的。大力提倡施用沼液肥、生物菌肥、控释肥和其他新型肥料。

4.合理密植（图3）

栽植株行距可以调整到12～15厘米，每穴栽植的株数减少到6～8株。

5.病虫害防治

细管葱的主要病害有不规则白斑病、疫病、灰霉病、紫斑病、白绢病、锈病、霜霉病、白粉病等；虫害有葱须鳞蛾、葱蓟马、潜叶蛾、潜叶蝇、根蛆、地老虎和蛴螬等。病虫害防治主要遵循"农业防治为主，化学防治为辅"的原则，在病虫害严重时，才选用化学防治。农业防治的方法主要有：选用抗病品种；合理密植；采用深沟窄厢高畦栽培；收获后清除田间残体和枯叶，翻耕后进行炕田，减少传染源；与玉米等其他农作物实行轮作，尽量减少重茬的机会；提倡使用生物农药、植物源农药、矿物源农药来防治病虫害，如用黑光灯诱杀葱须鳞蛾、甜菜夜蛾等则更好。坚持"预防为主，综合防治"的原则，做到对症下药，轮换用药，按湖北新桥生物科技有限责任公司规定用药，不擅自滥用农药，严格控制农药安全间隔期，确保农药残留不超标。

6.出口细管葱割后管理技术

出口细管葱以葱绿为主，一年内可多次收割，要求葱管色绿、管细、无虫口、无病斑，栽培管理中应抓好以治虫防病为重点的各个

图3 合理密植

环节。

（1）清、装、带、埋。收割后及时清除田间地头的残叶、病叶、枯叶及杂草，装入预先准备好的塑料袋中，带出田外，将其深埋或烧毁。

（2）灭菌治虫。由于收割后田间存留有大量病菌孢子和虫口，为了减少病虫害基数，控制病虫源头，防止病菌从伤口入侵。收割后的第1次用药必须用保护剂＋杀虫药剂进行防病治虫。用药配方如：代森锰锌或锌而浦＋阿维菌素或天王星（联苯聚酯）或啶虫脒或吡虫啉。铜制剂与治虫药应分开使用，避免酸碱中和，降低药效。

（3）及时预防。收割后葱管内壁即开始形成白色纱状物，保护和促进伤口愈合，收割后7天左右进入快速生长期，需及时喷药保护。由于葱管外壁具蜡质，有拒水性，喷药时需使用展布剂，使药液均匀附着于葱管上才能起到防病作用。用药配方如：代森锰锌或锌而浦＋阿维菌素或天王星或吡虫啉＋好湿或柔水通。

（4）防治并重。在收割后15～20天是葱的旺盛生长期，病虫害直接影响到产量和质量，因此是病虫害的重点预防期。

防治霜霉病、疫病及葱蓟马、潜叶蝇等虫害的用药配方：氟吗啉或福嘧霉＋菜喜或蛇麻子素＋好湿或柔水通。

防治紫斑病、白粉病、锈病及虫害的药剂配方：锌而浦或世高或福星＋菜喜（多杀菌素）或蛇床子素＋好湿或柔水通。

防治灰霉病、菌核病及虫害的用药配方：速克灵或扑海因（异菌脲）或福·嘧霉＋菜喜或蛇床子素＋好湿或柔水通。在病情得到控制后3～5天，再喷一遍保护剂，用药同灭菌治虫环节。注意轮换用药，最后一次用药必须在收获前10天以上。

（5）灌水与排水。细管葱根系浅，无或少根毛，不耐干旱，也不耐渍，因此水分管理很重要。多雨季节应注意及时排水，防止田间积水，造成烂根。高温干旱时则应于早、晚浇水，避免缺水造成枯尖、黄叶和生长不良。

（6）叶面喷肥。葱根系较弱，吸肥力不足时，可根据生长情况及时进行叶面追肥，如氨基酸肥、磷酸二氢钾等。

（7）土壤追肥。最好在收割后3～5天每亩沟施优质复合肥10～15千克，加5千克尿素，施后盖土，或用稀沼液进行根外追肥。

（8）微肥追施。葱易缺硼，可在追肥时，每亩用1千克硼肥与复合肥拌匀后一起沟施，但整个生育期内硼肥的施用次数不能超过2次，施用量不应超过2千克。

（四）采收

细管葱的生长期短，只要管理得好一般在2个月内就可以采收，冬季也只要3～4个

图4　收割

月左右。当葱生长良好、色泽鲜绿、长度在25～35厘米、病虫斑很少时要及时收获，在田间生长时间过长容易得病斑，品质会严重下降(图4)。

欧洲细管葱一年可以割收6茬以上，正常每亩每茬产量1000～1500千克。采收后要将葱整齐的放入原料周转箱，运输过程中要防止二次污染。

九、食用百合

食用百合（ *Lilium* sp. ）是百合科多年生宿根草本植物，其地下鳞茎肉质洁白肥厚，风味清香可口，富含百合皂甙、秋水仙碱等生物碱和蛋白质、淀粉、维生素及钙、磷、铁、β－胡萝卜素等多种营养成分，具有较好的药用价值和保健功能，深受消费者青睐，是当前市场上热销的特种蔬菜类型。食用百合的鳞茎含水量较低，耐低温，宜于贮运保鲜，可以鲜食、制粉，也可干制加工。

食用百合喜冷凉气候条件，生长适宜温度为 15 ～ 25℃，当气温高于 30℃时生长不良。喜光线柔和、无强光直射的半阴条件。非常适合我国南方丘陵山地栽培。近年来，食用百合亩产值基本稳定在万元以上，并已开发出百合饮料、百合酒、百合茶等一系列产品。食用百合种植已经成为不少县市山地蔬菜发展的主导产业。

（一）植物学特性

百合为多年生宿根植物，根为须根系，分肉质根和纤维状根，分别着生于鳞茎盘底部及地下茎上。茎分为鳞茎和地上茎，鳞茎由披针形肉质鳞片抱合而成，着生于鳞茎盘上。鳞茎中心为顶芽，顶芽出土后，旁侧又形成 2 ～ 7 个新发芽点，次年或 3 年后各自分离成独立的鳞茎。叶披针形或带形，互生，无叶柄，绿至深绿色，叶尖有的呈紫红，叶表有白色蜡粉。花为总状或伞状花序，单花，钟形或呈喇叭状，开放后外翻，花大且美，红、黄或白色。果实为朔果，种子多，扁平，黄褐色，千粒重 2.1 ～ 3.4 克。一般多开花少结果。

（二）栽培特性

百合地上部不耐霜冻，遇霜即枯死，茎叶耐高、低温，临界温度分别为 33℃和 3℃。地下鳞茎能耐低温，在 -5.5℃的土层中能安全越冬。早春平均气温 10℃以上时顶芽萌动，

14～16℃时顶芽出土，地上茎生长适温为16～24℃，开花适宜温度为24～29℃。

百合喜土层深厚、肥沃的沙质壤土。由于百合的肉质根根毛很少，吸收能力差，故要求土壤应潮湿，而不能干，但又不能渍水，以免植株因根系受渍而死亡，故在南方栽培百合应采用深沟高畦栽培。

（三）栽培技术

1.品种选择

山地栽培食用百合应选用地下鳞茎大、产量高、品质好的品种。目前，南方山地栽培适宜的食用百合品种主要有：宜兴百合、龙芽百合、兰州百合。

宜兴百合又称药百合或苦百合，是我国三大食用百合之一。鳞茎肥大，扁球形，横径4～8厘米，高3.5厘米，单个重350克左右，侧生鳞茎3～5个，色白或微黄。鳞片近三角形，阔而肥厚，肉质软糯，味浓而微苦。株高120厘米左右，叶色深绿，叶腋间有紫黑色珠芽，1年生分瓣繁殖，每亩产量800～1200千克。龙芽百合鳞片长8～10厘米，狭长肥厚，形如龙爪，色如象牙，又称湖南百合、麝香百合。鳞茎白色，近球形，横径2～4.5厘米，单个重250克左右，抱合紧密，仔鳞茎2～4个。龙牙百合淀粉含量达33%～38%，适宜加工。每亩产量为1000～1500千克。兰州百合又称菜百合。鳞茎白色，球形或扁球形，鳞茎高2～4厘米，横径2～2.4厘米，近圆卵形。鳞片肥大洁白，品质细腻无渣、纤维少、绵香醇甜，为我国食用百合的最佳品种。兰州百合单个重约200克，每亩产量为800～1500千克。

2.地块选择

百合适应性较强，喜干燥阴凉，怕水渍，忌连作。山地种植时，应选择土层深厚、疏松肥沃、通气、排水良好的微酸性（pH6.5～7）的沙质土壤。以半阴坡地或稻田、旱地，尤其是近3年内未种过茄科、百合科作物的地块最佳。种植山地坡度较大时，要设置等高梯级，并做好配套排灌设施。实践中也可以选择山地果园或其他作物进行林下间作。

3.整地施肥

百合种植前要提前深耕晒垡，深翻土地，施足基肥。一般可在土地翻耕时，结合整地，每亩施入充分腐熟厩肥3000～5000千克、饼肥80～120千克、磷肥30千克、硫酸钾10～15千克作为基肥，同时施入生石灰50千克进行土壤消毒。施肥后耙平作畦。南方山地，雨水较多，种植时多采用高畦形式进行栽培。畦面宽度可以依地块大小而定，一般畦宽1.5米左右，畦间沟宽40～50厘米，沟深20～30厘米。畦面平整，中间稍高，以利排水。

4.播种

（1）种球选择。种球大小与质量直接影响百合长势和产量。生产上选种时应综合考虑，一般选择大小均匀、鳞片洁白、抱合紧密、鳞茎盘完好、根系健壮、无病虫害的，50克左右的中等种球为繁殖种球。

（2）种球消毒。播种前用50%多菌灵可湿性粉剂800倍液或70%甲基托布津可湿性粉剂500倍液浸种20～30分钟，捞出晾干后播种。

（3）播种。播种一般应在9月上旬至10月上旬进行。百合宜浅植，播种时先在畦面上开出5～7厘米深的播种沟，然后用3%锌硫磷拌细土均匀撒施于种植沟内，每亩用量10～15千克，再用50%多菌灵500倍液喷播种沟，做好土壤消毒和防虫处理。中等规格种球可按照株距15～20厘米、行距20～25厘米进行播种。其他规格的种球可依照大小适当调整株行距。播种时，将种球鳞茎朝上放置于种植沟内，确保百合鳞球种不与磷肥、有机肥直接接触，然后覆土与畦面齐平。种植深度以种球顶端离表土3～5厘米为宜。栽植过深，容易导致出苗迟缓、茎秆细弱甚至缺苗。

5.田间管理（图1，图2）

（1）畦面覆盖。播种后要及时浇水，保持土壤湿润。开春后，每亩用稻草500千克铺盖畦面，以起到保墒、灭草，防治大雨冲刷，避免土壤板结，有利于中后期管理。同时，还能够

图1　百合打顶

起到保温调湿，防止早春晚霜冻害，防止夏季鳞茎腐烂和增加肥效等作用。

（2）中耕除草。春季苗高10厘米左右时应及时中耕，中耕深度宜在15厘米左右；花蕾摘除后，应再进行1次中耕。中耕应选择在晴天时进行，深度以4厘米左右为宜，不宜过深，以防止伤害百合鳞茎。除草可结合中耕同时

图2　百合大田种植

进行，每年进行三四次人工除草，以保持田间无杂草为宜。化学除草应在百合出芽前进行，每亩用33%除草通乳油100～150毫升，或48%地乐胺乳油200毫升兑水50～75千克对地表均匀喷施。

（3）追肥。早春出苗前后，种植地土壤肥力较差或基肥用量不足的，可以每亩追施三元复合肥15～20千克，同时补充施入一些草木灰，增加肥效。追肥过程中，注意不要过多施入过磷酸钙及氯化钾等酸性肥料，以避免烧伤即将出土的幼芽。4月上旬，当苗高约10厘米时，根据实际营养状况及时追施提苗肥，促进幼苗生长。夏至前后珠芽收获后，如叶色褪淡，应适量补施速效化肥，防百合早衰。一般每亩施10千克复合肥或5千克尿素即可。打顶后，可以每亩施用复合肥30千克左右。6月下旬鳞茎膨大转缓时，可叶面喷施0.2%磷酸二氢钾与0.3%～0.5%尿素的混合液，以延长功能叶的寿命，提高产量。珠芽抹除后，每亩及时补施尿素10～15千克，或者叶面喷施0.5%的磷酸二氢钾，防止植株早衰。

（4）打顶、摘蕾、去珠芽。5月中旬，当植株苗高35～40厘米时，及时打顶摘心，控制地上部分生长，保证植株适宜的生长量和光合作用叶面积。实际生产中应根据植株长势确定，

生长势旺的植株应早打多打,而对于生长势较差的植株可推迟打顶,或少量摘心,平衡生长。打顶应选择在晴天上午进行,以利于伤口的愈合,减少病菌感染。植株现蕾后,要及时摘除花蕾,以减少养分大量消耗,促进鳞茎发育和产量、品质的形成。摘花时间不宜过迟,以免造成养分消耗,组织老化较难折断。生产上摘蕾要多次进行,以保证摘除干净。摘蕾期间应避免盲目追肥,以免茎节徒长,影响鳞茎发育肥大。打顶摘心后,植株叶腋珠芽开始出现,生产上应选择晴天,及时用短棒轻敲百合基部,打去珠芽,从而抑制珠芽养分消耗,促进地下鳞茎生长,防止植株早衰。抹珠芽时应细心,以防碰断植株,伤及功能叶片。

(5)雨后排水。百合极不耐涝,南方梅雨季节,尤要注意疏通田内外沟系,做好雨后田间积水排除工作,防止雨后因涝渍使植株早枯和鳞茎腐烂。

6.病虫害防治

(1)病害防治。百合山地栽培主要病害有立枯病、炭疽病、根腐病、软腐病等。生产上应坚持"预防为主,综合防治"的植保方针。

①种球消毒。用50%的福美双500倍溶液浸泡种球15分钟可防治立枯病。

②农业防治。合理轮作,避免病菌通过土壤传播;雨季做好田间排水工作,降湿控病;合理密植,保持株间通风透光。发现病株,立即拔除烧毁。

③化学防治。立枯病防治可用95%恶霉灵可湿性粉剂3000～4000倍液喷淋根部。炭疽病防治可用70%甲基托布津可湿性粉剂500倍液或80%炭疽福美可湿性粉剂800倍液喷施。根腐病防治可用70%甲基托布津可湿性粉剂500倍液或14%络氨铜水剂300倍液。软腐病防治可用生石灰和硫黄(50:1)混合粉150克每平方米,对初期病株周围土壤消毒。也可用72%农用链霉素4000倍液,或新植霉素4000倍液喷施或灌根。

(2)虫害防治。百合山地栽培主要虫害有蚜虫、蛴螬、小地老虎等。蚜虫防治可选用10%吡虫啉可湿性粉剂2000倍液或1%杀虫素3000倍液等喷雾。蛴螬、小地老虎等地下

图3　收获

害虫防治可以用50%辛硫磷乳剂50毫升拌麸饼5千克或1.1%苦参碱粉剂均匀撒施。

(四)采收

8月上旬,立秋前后,百合植株地上部分枯黄,至地上部分完全枯死时,地下鳞茎充分发育成熟,为适宜采收期。生产上,可选择晴天掘起鳞茎,剪去茎秆,切除地下部分,运回室内进行贮藏或加工处理(图3)。

山地特色蔬菜安全高效生产技术
shandi tese shucai anquan
gaoxiao shengchan jishu

十、菊芋

菊芋（*Jerusalem Artichoke*）俗称洋姜、鬼子姜、姜不辣，为菊科向日葵属一年或多年生草本植物，以地下部块茎供食用。菊芋原产北美洲，17世纪传入欧洲，清代传入我国，据传因顶部的花像菊花、块茎生长似芋头而得名。菊芋在全球的热带、温带、寒带以及干旱、半干旱地区都有分布和栽培，我国各地均有零星栽培。菊芋营养丰富，块茎质地细致、脆嫩，常用来炒食或酱腌加工，最宜酱腌食用，风味独特。菊芋的病虫害很少，一般不需施用农药，是无污染的绿色食品。菊芋块茎含有大量的菊糖，相当于一般植物的淀粉（称为菊根粉），具有消炎、降压功效，对生疮长疖和高血压、糖尿病有辅助疗效，菊糖可转化为果糖，甜度高于蔗糖，可制糖、酿酒。菊芋的茎叶、块茎是优良饲料，其茎叶可在旺盛季节刈割作青饲料，秋季可以粉碎作干饲料。菊芋用途广泛，易栽培、易贮藏，加之其耐寒、耐旱、耐盐碱、抗风沙、繁殖力强等特性，使其开发应用前景十分广阔。

（一）植物学特性

菊芋为多年生草本植物，株高2～3米，有很多分枝，茎上有刚毛。叶卵形互生，叶面粗糙，叶柄发达。花为头状花序，发生于各分枝先端，花盘直径有3厘米左右，花序外围的舌状花序为黄色，中间为筒状花序，能育性低，不能结实，栽培上多用块茎繁殖。根系发达，深入土中，根茎处长出许多匍匐茎，其先端肥大成块茎，块茎呈犁状或不规则瘤状，凸起部分有芽，皮黄白或淡紫红色，肉质皆白色。块茎一般重50～70克，大的可达100克以上，每株有块茎15～30个，多达50～60个，一般每亩产块茎1500千克。出苗后40～45天地下茎伸长，此时地上部叶片由对生转为互生。地下茎伸长至3～10厘米，顶端膨大，开始形成块茎。块茎的膨大时期一直可延至地上部分枯死以前。菊芋块茎有80天左右的生理休眠期，休眠期内块茎不能发芽（图1，图2）。

图1　菊芋植株

图2　菊芋花

土中仍能安全越冬。菊芋属短日照植物，每天给予10小时光照，处理10天左右，可使植株提前开花。菊芋对土壤要求不严，适应性很强，瘠薄地、沙土地、轻盐碱地、荒地、路旁及果园、菜园周围等地都能生长，即使在沙漠地区，只要有一定浇水条件也可以作为饲料及蔬菜种植，但以在灌排方便、土质良好的沙质壤土上生长最好。

（三）栽培技术

1.露地栽培（图3，图4）

（1）地块准备。栽培菊芋以沙质土壤为宜。秋季茬口采收后整地，每公顷施腐熟灰、粪肥15～22.5吨，将其中的70%撒施，剩余30%于播种时集中沟施；每公顷施高效复合肥525～600千克，深耕20～30米，耕后整平作畦以备播种。整地起垄，垄高20～25厘米，垄面宽40～45厘米，垄沟宽25～30厘米。

（二）栽培特性

　　菊芋喜温暖干燥，且耐旱、耐低温，但忌炎热，高温条件下生长不利。块茎在6～7℃萌芽，8～10℃出苗，幼苗可耐1～2℃低温。18～22℃和日照12小时条件下生长良好，有利于块茎形成。块茎在−20～−10℃低温条件下不致冻坏，在−30～−25℃的冰雪冻

（2）种芋准备。选用地方品种，块茎以20～30克为宜，大的可切块，但每块种芋不能低于15克。播前每公顷用25%多菌灵可湿性粉剂3千克/公顷、每公顷600克/升吡虫啉悬浮种衣剂兑水750千克浸种5分钟后，晾干待播。

（3）播种。秋播、春播均可，但以春播为主，一般在3月中下旬进行。以土壤含水量达田间最大持水量的70%～80%时播种为宜，墒情差时要溜水补墒播种。大、小种薯分开播种，切块时应在顶芽眼处向下纵切成2～4块，长成多顶芽的种薯可切成多块。下种后起3～5厘米高的小垄。播种量以每公顷1200～1500千克为宜。行距70厘米，株距28～30厘米，播种深度10～20厘米，栽植密

图3　菊芋苗出土

图4　菊芋露地栽培

度以每公顷4.95万株～5.25万株为宜。菊芋收获后有块茎残存土中，次年可不再播种，但为了植株分布均匀，过密的地方要疏苗，缺株的地方要补栽。

（4）田间管理。苗期锄草两三次。茎叶高30～50厘米后，人工拔除大草。幼苗期、现蕾期和开花期若遇天气干旱，土壤墒情不足时应浇水。8月上中旬培土1次。遇大风暴雨后，菊芋茎秆会发生倾斜或歪倒，应及时扶正培土，并做好清沟理墒，防止渍害。生长期追肥2次。第1次于5月下旬进行，每公顷施尿素112.5～150千克；第2次在7月中旬进行，每公顷施硫酸钾型复合肥112.5～150千克。现蕾期摘心打顶，摘除花蕾。幼苗期每公顷用炒熟的麸糠37.5千克与90%晶体敌百虫0.9千克拌匀制成毒饵，均匀地施于根部以诱杀地下害虫。花蕾期蚜虫发生严重时，用25%噻虫嗪水分散性粒剂150毫升兑水每公顷750千克喷雾防治。白粉病发病初期，每公顷用43%戊唑醇水悬浮剂1500毫升兑水750千克喷雾防治。菌核病、灰霉病发病初期，每公顷用70%代森锰锌可湿性粉剂1.5千克兑水750千克喷雾防治。此外，应注意的是90%晶体敌百虫、25%噻虫嗪水分散性

粒剂、43%戊唑醇水悬浮剂、70%代森锰锌可湿性粉剂的安全间隔期分别为7天、10天、14天、15天。

2.地膜覆盖起垄栽培

地膜覆盖起垄栽培，利于适期早播、播后增温保湿和促进块茎膨大，从而提高产量。技术要点如下。

（1）施肥筑垄。地膜覆盖不利于菊芋的后期追肥，因此，施肥要以基肥为主，起垄前要施足基肥，基肥要以有机肥为主，通常每亩可施腐熟厩肥3000～4000千克、硫基复合肥50千克、尿素7～8千克。施肥后整地、筑垄，一般以垄距为行距，垄底宽70～80厘米，垄高25～30厘米，株距30～40厘米，每亩以2000～2500株为宜。

（2）播种盖膜。地膜覆盖可适当提前播种，一般在3月中下旬播种，种块点播后，垄面喷施除草剂，随即覆膜。地膜覆盖可促进早出苗，出苗后及时破膜放苗，再用土封孔。及早去除侧芽，每株确保一根主茎生长。生长期内，加强以肥水为中心的田间管理，注意防治病虫害。

（四）收获与贮藏

贮藏洋姜的收获期依栽培目的而定，以收青饲料为主的在重霜前收获，此时茎叶产量高、品质好可收青饲料2500千克，但块茎产量只有750千克。收获块茎的在霜后收获，块茎产量可达1500千克，茎叶产量每亩2000千

克。不割青饲料的可在茎叶完全枯死挖起块茎，每亩块茎产量可达2000千克，高产的可达4000千克。挖掘时会有块茎遗留土中，第2年又萌发成株，不必再行栽种，如有缺株，可间苗补缺或育苗补缺（图5，图6）。

洋姜收获后堆放室内容易干瘪,附生霉菌,故收后即行窖藏。窖深1.7米,宽1.3米,长不定,将完好无损、无病的块茎晾晒泥干后层积排放窖中,一层土一层块茎,最上层用土封,窖温0℃最为适宜。在-20~-10℃低温条件下,也不会冻坏,窖温超过5℃就会萌芽。

图5　紫色菊芋

图6　白色菊芋

十一、雪莲果

雪莲果(*Smallanthus sanchifalius*)别名菊薯、晶薯、神果、地参果,为菊科葵花属植物。原产南美洲海拔1000米以上的安第斯高山,是当地印第安人的一种传统根茎食品。近年来,我国云南、福建、山东、河南、河北等地相继引进种植。雪莲果适应性强,栽培技术简单,管理粗放。营养价值和药用价值高,是一种新型的天然保健美食,越来越受青睐,具有良好的经济效益和广阔的市场开发前景,值得推广种植。

(一)植物学特性

雪莲果是菊科多年生草本植物。植株貌似菊芋,可生长到2～3米高。茎干直立生长,圆形而中空,呈紫红色;叶对生,阔叶形如心状,叶上密生绒毛,叶基部各着生有一个腋芽。花顶生,5朵,形如黄色葵花,煞是可爱,蒴果,但不结种子。

雪莲果特别适宜生长在海拔1000～2300米之间的沙质土壤上,喜湿润,生长期约200多天,生长适温为20～30℃,在15℃以下生长停滞,不耐寒冷,遇霜冻茎枯死。雪莲果喜光,是长日照植物,长日照条件会促进生长和开花,但不结种子,以块茎无性繁殖为主。

(二)栽培特性

雪莲果一般生长在土壤肥沃疏松、土层厚(50厘米以上),海拔900～1500米的沙壤土上,适宜在有浇水条件,不会淹水的平地和缓坡地块栽培。

（三）栽培技术

1.育苗（图1，图2）

育苗前选择表面光洁、无斑点和霉变的种块茎，用高锰酸钾（0.03%的浓度）浸泡消毒。然后用一层细沙铺底排上种块茎，再盖上一层沙，如此反复若干层，后盖薄膜以保温保湿，萌芽后即可切块播种。切块时按每块40～80克的标准进行切割，要保证每块种茎上必须有1个以上的芽。切割后用草木灰沾满其伤口，防止感染。一般每株雪莲果的种块茎可繁殖30株左右。雪莲果播种期在3月中旬至4月初，最好用营养袋在小拱棚中育苗。待苗长到12～14厘米高即可移栽。

图1　雪莲果苗萌发

图2　雪莲果出苗

2.栽植（图3）

雪莲果不耐连作，应选择前作未种过雪莲果、土质疏松肥沃、有机质含量1.5%以上的中性或微酸性沙壤土种植。整地时要求细、匀、松，创造疏松的土壤条件，以提高土壤的透气、蓄水、保肥和抗旱能力，有利于根系充分发育和块根膨大。种植前开深沟做高畦，畦高35～40厘米，宽100厘米左右，沟宽40厘米。采取单行种植的方式，行距140厘米，株距50厘米，种植密度以每公顷1.425万株左右为宜。施基肥时在畦的中央开1条深20厘米左右的小沟，在沟内均匀地撒施生石灰后集中施基肥。每穴施用商品有机肥1千克和草木灰0.5千克作基肥。在基肥表面施1层薄土后移植雪莲苗，并浇透定根水。

图3　大田雪莲果

3.田间管理

（1）中耕培土。在苗高30厘米前进行1次中耕除草，当株高达50厘米时，培土雍基部20～25厘米。边除草边培土起垄，不要让膨大根裸露在土外。

（2）施肥。雪莲果在生长前期需水量较少，到生长中后期，随着根茎的膨大，需水量急剧增加，要及时灌溉。灌溉的水质要好，不能有污染，否则容易烂根。雪莲果整个生长期不需太多肥料，施肥原则是：以基肥为主，不追施氮肥，适量追施钾肥。在根茎膨大时，结合中耕培土，每株追施硫酸钾50克。

（3）疏茎叶。疏茎叶的目的是要控制茎叶徒长，以免造成养分无效消耗，营造通风、透光的环境。当苗高60～80厘米时进行疏枝，每株保留两三个生长健壮的茎秆，将多余的割去。苗高150厘米左右进行疏叶，将50厘米以下的叶剔除。

（4）排水。要注意防涝害，在雨季如田间有积水，要清沟排除，以防积水影响雪莲果生长。

（5）病虫害防治。雪莲果病虫害很少，苗期偶有茎腐病、蚜虫、菜青虫、红蜘蛛等为害，病害可喷72%霜脲锰锌可湿性粉剂800倍液等、虫害可喷4.5%高效氯氰菊酯1500倍液、1.8%阿维菌素乳油3000倍液等。

（四）采收与贮藏

雪莲果的可食用部位为块根。块根有后熟过程，待果肉转成橙黄色，糖分含量才高。由于雪莲果汁多、脆嫩，过早开挖收获块根易炸裂，影响商品性。11月中下旬，茎叶开始枯萎，块根已成熟，待土壤稍干，块根自然失水后，再陆续开挖，可减少裂果率。收获时先把枝条砍割留15～20厘米的基桩，挖时在整株四周挖，尽量不要伤及块根，整株挖出后连同基桩抬起再剥离块根，以保持其完整的商品性。块根挖出后要在太阳下晒2～3个小时，将表土的水分晒干（不要洗掉表面泥土，否则果皮会氧化成褐色，影响外观质量），按大小、果形、光滑度、残损度等分为精品果、一般商品果、残次果等，按级包装上市。

雪莲果耐贮运，在通透性好的地方，贮藏1个月不会变质。长时间存放需挖地窖沙藏，可保质4个月以上。另外，种茎采收后要连基桩一起放置在阴凉、通风、透气的地方用沙藏处理，定期喷洒0.1%的高锰酸钾溶液并保持一定的湿度，防止病菌侵染（图4）。

图4　收获的雪莲果

十二、襄荷

襄荷（*Zingiber striolatum* Diels）俗名观音花、阳荷、阳藿、由姜、野老姜、野生姜、野姜、莲花姜、茗荷，为姜科（Zingiberaceae）姜属（*Zingiber*）多年生草本植物。襄荷在我国主要分布于陕西、江苏、江西、福建、湖北、湖南、海南、广东、广西、四川、贵州、云南、重庆。其中，以云南省文山州西畴县的栽种量最大，1999年西畴县被中国特产之乡委员会列为"中国襄荷之乡"。襄荷原是生长在山林间的野生蔬菜，随着现代医药、食品科技的迅速发展，襄荷的食品保健功能不断被发现。

（一）植物学特性

襄荷为多年生草本，平均株高为150厘米左右，最高可达171厘米。叶互生，长椭圆形或线状披针形，长30～35厘米，宽8厘米～10厘米，叶面光滑。地下茎匍匐生长，向下抽生肉质根，肉质根上着生大量须根；向上抽生紫红色嫩茎，见光呈绿色，叶鞘紫色，紧裹嫩芽，形如小竹笋，俗称襄荷笋。襄荷笋在4月从地下茎抽生，宜在长13厘米，叶鞘未散开前采收，一年只能采一两次。襄荷笋晴天采收在冷藏条件下可放置约2个月。6～9月其火红的果实——襄荷苞（食用部位）从根部冒出，多花密集成穗状花序，花蕾由紫红色的肉质鳞片包被，生长10～15天即可采收，在花蕾出现前应全部采收，过迟则组织老化，纤维增加，不堪食用。第1批采收后，第2批又如繁星似地冒出土面，一般可采收三四批。花苞采收后可上市销售或加工，堆放在细沙中可贮藏6个月以上。花苞单个重10～15克，大的达30克以上。每兜生果实几十个，多的达近百个，第1年每亩可采收1000千克以上，第2年以后产量可达每亩1500千克以上。地下肉质茎风味似姜，晚秋地上部分开始枯萎后，可陆续采收食用。襄荷的叶片可以做泡菜、霉干菜，秋季襄荷茎秆可作牲畜的优质饲料。另外，襄荷的火红花苞、剑形绿叶、多茎秆丛生的株形具有很高的观赏价值，作为盆栽花卉亦别具一格。襄荷可昼夜释放特殊清香，室内外栽培时，夏季驱蚊效果较好。据《本草纲目》记载，其根、茎、叶、花可入药（图1，图2）。

襄荷可生长在海拔高度300～3000米的地方，以海拔800米左右最适宜。海拔300米以下花苞产量低；海拔1200米以上品质好，但产量下降。襄荷的繁殖方法有以下3种。

（1）分兜繁殖。一般用地下茎分蔸繁殖。将地下茎挖起，按每蔸两三芽切开，作繁殖材料。移栽可在秋季9～10月或春季3～4月进行，采取大小行定植，大行距60厘米，小行距与株距30厘米，亩栽3300蔸左右。

（2）种子繁殖。用种子播种育苗发芽率低，苗期长，在种块充足的条件下，一般不采用种子繁殖。

（3）组织培养。生产上农民长期利用地下茎繁殖，由于病虫害侵染和病毒积累等原因，造成种性退化，产量变低，品质变差。

用脱毒组培技术培养生产的襄荷，可恢复原有的种性，植株生长旺盛整齐。

图1　襄荷植株　　　图2　襄荷花苞

（二）栽培特性

原产我国南部，主要分布在江西、浙江、陕西、甘肃、贵州、四川、湖北、湖南等地。野生多见于生于山地林荫下或水沟旁。

襄荷适应性广，抗逆强。襄荷喜温怕寒，不能忍受0℃以下的低温，晚秋遇霜，地上茎叶凋萎。若土壤长期冰冻，10厘米以下土层降至0℃以下，则地下茎常被冻死。冬季土壤冰冻层超过10厘米的地区，必须用牛粪或草覆盖，保护地下茎安全越冬。地温升高到10℃以上时，开始萌芽出土。5月气温升高到20℃以上生长加速。随着温度的升高，花轴形成，至7月抽出地面，8月是抽花穗的盛期，并开花结实。9月中旬后，温度降到20℃以下，抽出的花穗减少。进入10月，温度降到15℃以下时，植株生长缓慢，直到停止生长，叶片从尖端开始变黄萎缩。

襄荷不耐旱，干旱时嫩茎及花轴均减少，肉质薄，产量低；但襄荷也不耐水涝，在低湿地上栽培襄荷，常会导致地下茎腐烂，故襄荷应栽培在排灌方便的地方。

襄荷对土质要求不严格，但以含有机质丰富、土壤疏松的中性或微酸性土壤为佳。钾肥对襄荷的花穗形成很重要，凡是多施有机肥及草木灰的，抽出的花穗多、大而肥嫩。

（三）栽培技术

1.露地种植（图3，图4）

（1）选地。宜种植在夏季凉爽，温度在22～25℃之间，年降雨1000～1500毫米，云雾较多，土壤有机质含量1.5%～2%的二高山区。低海拔山区规模化种植襄荷，必须与树木或高秆作物套种或搭遮阴棚，否则不易成功。如在平原大面积种植，在整个生长季节都应搭遮阴棚，遮光度调至40°～60°为宜。

（2）繁殖。襄荷种子发芽率低于40%，且生长速度较缓慢，而无性繁殖生长快，故生产上多用种茎繁殖。一般秋季将地下茎掘起，冬季贮藏，次年春季取出。在避风、朝阳处摊细沙10厘米，上放一层襄荷，再盖上一层沙，再放一层襄荷，盖层沙，放置5～8层后用稻草覆盖，加上薄膜催芽。待芽萌发后，按每块留有两三个完整芽割开作为种茎，用草木灰蘸切口。移栽可在秋季或春季地温稳定在12℃以上进行，采用厢式宽窄行定植，宽行60厘米、窄行30厘米，株距30厘米，每亩栽3300蔸左右。一般每亩用种蔸100千克。

（3）整地施肥。襄荷地栽前要进行耕翻，深耕25～30厘米，捡净石砾、草根。根据襄荷生长需求，要重施堆沤腐熟农家肥、土杂肥或厩肥做底肥，一般每亩施底肥4000～5000千克，硫酸钾型复合肥（N:P:K=16:16:16）40～60千克（或磷酸二铵30千克、尿素50千克、硫酸钾20千克）。底肥深施为佳，也可均匀撒施后深翻。山区坡地最好沿水平线开宽60～80厘米、深40～50厘米的沟槽，将底肥铺于沟槽内，然后回填表土后移栽襄荷。

（4）田间管理。

①查苗补种。发现缺苗应及时从预备苗畦或周围株蔸上分芽补齐。对种植过深因芽弱或土层板结未出苗的，需松土助芽出土；对烂种的要进行病穴生石灰处理，稍移位补种。

②适时排灌。在襄荷生长期当土壤过于干旱时应及时灌水，尤其在块茎膨大期应经常保护田间土壤湿润。多雨时或遇到大暴雨应及时疏通畦沟及地边沟排水。严防田内积水。

③中耕除草。视田间杂草发生情况随机掌握。做到破土板结，雨后必锄；发生杂草，及早铲除。中耕深度不过10厘米；穿格子锄要细心，不要伤损根。

④追肥。整个生长期一般需要追肥4次以上。第1次在返苗后，以氮肥为主，用量不宜过多，每亩可用尿素3～4千克；第2次在分枝期，每亩可开沟施入硅钾基复混肥50千克、尿素15千克、硫酸钾40千克。每半月施入硫酸钾型复合肥（N:P:K=18:18:18）50～60千克；第3次在块茎膨大旺盛期，可用冲施肥5～10千克；第4次根据长势决定，对有早衰现象的田块，每亩应施尿素20千克，草木灰100千克，油枯饼100千克或三元复合肥（N:P:K=15:15:15）20～30千克。

⑤遮阴。襄荷耐阴，不耐强光照射，当光照强度大于5000lx，光照时间超过10个小时，温度高于30℃时，叶片就会变黄，功能叶

叶绿体受阻，叶片会皱缩、萎蔫。这种情况应立即进行遮阴。遮阴常采取的方法有：一是作物遮阴，多采用间作套种，如埂上栽高秆植物等；二是搭天棚，在田四周或行间竖树桩、竹竿，间距4米，顶端系绳索，上铺芦苇席帘或秸秆，带叶树枝等；三是篱笆墙，在襄荷田行间插入与襄荷行平行的带叶树枝等，高50～70厘米，间距不定；四是搭遮阴网等。

⑥拆棚。在入秋后，一般在头一场秋雨开始，就应将遮阴棚、遮阴物全部拆除或拔除遮阴作物。

⑦分蔸。襄荷连续采收3～4年后，应挖出部分种蔸适当分蔸。一方面防止因密度过大导致败蔸，一方面可以利用挖出的种蔸扩大面积。

（5）病虫害防治。襄荷一般很少发生病虫，但在大面积连年连片种植区，病虫害会明显加重。因此，发现病虫害时，应立即用3%广枯灵1500倍液、50%多菌灵、70%托布津800倍液及敌克松、移栽灵等杀菌剂灌根，同时叶面喷施绿乳铜予以防护。

图3　露地栽培

图4　襄荷花苞出土

2.大棚覆盖栽培技术

早春利用大棚覆盖增温保温，有利于襄荷早生快长，其产品可在6～7月采收，较露地栽培提早30～40天，每亩增产200～250千克。江苏省如东等地应用大棚覆盖种植襄荷，襄荷上市时的市场售价每千克10～25元，每亩产值达6000元以上，可比常规的露地种植增收2500～3500元。

（1）大棚覆膜。按露地种植要求施基肥，并于1月中旬定植，定植后及时架设大棚（通常选择6米宽大棚）覆膜。二年生以上的襄荷一般在立春后覆膜保温，促其萌芽。

（2）化学除草。出苗前14天左右，每亩用草甘膦750毫升兑水100千克喷雾，可控制襄荷生长前期的杂草。

（3）温度管理。覆膜后35～40天开始出苗，出苗后注意控制棚温，白天温度控制在20～25℃为宜。当叶龄达到四五片时，要加大通风量，白天棚温以18～20℃为宜，晴天中午不可超过25℃，否则高温易灼伤嫩苗。5月中旬，当外界气温稳定在15℃以上时进行揭膜。过早揭膜，外界气温低，会影响幼苗的生长；过迟揭膜则外界温度过高，易灼伤蘘荷苗。

（4）肥水管理。蘘荷齐苗后，追施稀粪水以促进嫩苗生长。当地上茎长13～15厘米时，每亩追施尿素10～12千克，促进地上茎、叶片生长。试验表明，追肥可增产15%以上，同时，注意保持大棚的相对湿度在70%以上。揭膜后，当土壤墒情不足时，傍晚应及时灌水，保持土壤湿润，雨水过多时应及时排水降渍。

（5）适时中耕。蘘荷花轴抽生前，结合灌水进行中耕除草，宜浅耕，否则易损伤地下茎，影响产量。中耕后，用碎秸秆覆盖土表以遮光，可使花轴出土后柔软鲜嫩，提高其商品品质。

（6）化学控制。蘘荷分蘖性强，易徒长，可在主茎13、14叶期，每亩用多效唑50克兑水50千克，在傍晚对叶面喷施，一般控制株高在20厘米左右，使植株生长健壮，不易倒伏，可提高产量8%～10%。

3.蘘荷笋软化栽培（图5，图6）

（1）选种。选择块大、芽多、无病虫害的蘘荷种块。一般每亩需蘘荷种4000～6000千克，约30000～60000株之间。

（2）晒种。播种前，先用40%体积比福尔马林的100倍稀释液浸泡30分钟消毒，接着晾晒2天，并且每天早晚各翻动1次，然后在屋内堆放4天，温度保持在18～25℃，有利于萌芽。

（3）整地。蘘荷笋软化栽培对土地要求相当严格，从下至上分为四层。

第1层：基土层。选用疏松、保水性好的沙壤土或腐殖土最佳，不可用易板结、肥力过

图5　蘘荷笋软化栽培

图6 襄荷笋大田栽培

高、施用化肥农药的土壤,厚度15～30厘米。

第2层:隔土层。是将放在基土层后覆盖在种子上面的土层,该土层的主要目的是隔离种子直接与第3层接触;隔土层的土质与第1层一样,厚度5厘米。

第3层:肥土层。将充分发酵后的有机肥和沙壤土按1:1或2:1(体积比)的比例配制后覆盖厚度8～10厘米。有机肥按照生物有机肥国家标准(NY884—2004)。

第4层:将干燥的稻草、秸秆以任意比例均匀铺摊,约10厘米厚。为加快下层覆盖物发酵增温,应在稻草、秸秆上适当浇一些沼液,湿度以用手挤压稻草、秸秆不出水但手上有水印为准。最后在上层铺谷壳扫平,平均厚度在4～6厘米,中央厚度在3～4厘米,边缘厚度在6～8厘米。也可铺塑料薄膜以增加保温效果。

此外,厢宽50～60厘米,沟宽20～30厘米为宜,便于人工采摘。

(4)施肥。襄荷喜肥,整地过程中按每亩施草木灰40～50千克、农家肥1.5～2吨,然后翻挖整细。

(5)定植。将襄荷种块按照一个生长点为一块的标准,用手掰开,掰后的伤口不用处理。播种时将种块紧邻放置,然后盖土,种块种在基土层。

(6)浇水。定植后第1次浇水应浇透,以后经常检查第3层土壤,视情况进行补水。前期水分湿度保持在75%～80%,出笋后湿度保持在80%～90%,冬、春季应将水加热至23～28℃。

(7)遮阴。襄荷笋必须在完全无自然光照的条件下才可进行软化栽培,可利用棚架、覆盖物、遮阳网等多种方式遮光,也可因地制宜利用旧矿井、岩洞、防空洞等。①室内栽培。将窗户和露光地方用黑色布或塑料纸遮盖即可。②室外设施栽培。搭建温室大棚,用黑塑加遮阳网将整个大棚遮盖严实,用换气扇进行通风换气。冬春季还可用稻草和秸秆遮盖大棚,可起到保温和遮光的双重作用。③室外大田栽培。可用稻草、秸秆或杂草进行遮盖,也可用专制的黑色塑料罩进行遮盖。

(四)采收

露地栽培的襄荷可食用部分有嫩芽、花轴及地下茎。嫩芽在春季回暖后从地下茎抽出,在13～16厘米长、叶鞘散开前采收。嫩芽只能采收一两次,采收次数过多会影响花轴的形成。栽培当年,为了增强茎叶的生长,不宜采收嫩芽。花轴在夏秋季花蕾出现前采收。如果待花蕾出现后采收,则组织硬化,不能食用。栽培当年花轴少,第2年较多,第3、第4年盛产,第5年产量减少,之后应更新再植。地下茎多在晚秋采收。地下茎风味稍似姜,并有和嫩芽及花轴一样的特殊芳香(图7,图8)。

　　襄荷笋软化栽培时,襄荷笋长到30厘米以上,以襄荷笋尖不长叶片时为采收标准;一般7～10天采收1次,采收期100天左右,产量2500～3000千克。襄荷笋直径低于1厘米时,将沼液稀释5倍后浇灌,应选择已正常出火2个月以上的沼气池中的沼液,充分发酵的沼液为深褐色明亮的液体,pH6.8～7.5,比重1.44～10,干物质含量为5%左右。

图7　襄荷花苞

图8　襄荷笋

十三、玉竹

玉竹（ *Polygonatum odoratum* （Mill.）Druce）为百合科黄精属多年生草本植物，别名尾参、萎蕤、铃铛菜、地管子、竹节黄、笔管菜、竹根七、地节、甜根菜等。玉竹以"萎蕤"之名始载于《神农本草经》；因其形态似竹、光莹如玉，《名医别录》始称其为"玉竹"。

（一）植物学特性

玉竹的根状茎横走，圆柱形，粗0.5～1.4厘米，肉质黄白色，有结节，密生多数须根，多分枝。生产上以干燥根状茎为药材。植株地上茎高20～50厘米，生长良好时可达65厘米以上，具叶7～12片，生长时向一侧倾斜。叶互生，椭圆形至卵状长圆形，长5～12厘米，宽3～6厘米，先端尖，基部楔形，叶正面绿色，背面灰白色，叶脉隆起、平滑或乳头状突起，叶柄不明显。花序腋生，具单花1～4朵，在栽培情况下可多达8朵以上，花序梗长1～1.5厘米，无苞片或具线状披针形苞片；花被筒状，黄绿色或白色，长1.3～2厘米，先端6裂，裂片卵圆形，长约0.3厘米；雄蕊6枚，花丝丝状，近平滑或具乳头状突起，花药长约0.4厘米，子房长0.3～0.4厘米，花柱长1～1.4厘米；果实浆果，球形，直径0.7～1厘米，成熟时蓝黑色，具种子7～9粒，熟后自行脱落。花期4～6月，果期6～9月。

玉竹种子寿命2年，种皮厚，为上胚轴休眠类型。胚后熟25℃下需80天以上才能完成。自然条件下，用种子繁育非常困难，生产上多以地下根茎营养繁殖。据试验，一般情况下，人工栽培的玉竹，1年收获的产量是用种量的4倍，2年收获的产量是用种量的8～10倍。

（二）栽培特性

玉竹植株对环境条件适应性较强，喜湿润、凉爽环境，耐寒，耐阴湿，忌强光直射、渍水与多风。一般在气温在9～13℃根茎出苗，18～22℃时现蕾开花，19～25℃地下根茎增粗，生长最旺，为养分积累盛期。待入秋气温下降到20℃以下时，果实成熟，地上部分生长减缓。玉竹植株的物候期因地区不同、年份不同、品种不同而有差异。水分对玉竹植株生长较为关键，一般全月平均降水量在150～200毫米时地下根茎发育最旺，降水量在25～50毫米以下时生长缓慢。海拔超过1000米以上时，生长不良。

玉竹植株对土壤条件要求不严，以土层深厚、疏松、排水良好、有机质含量高的沙质土壤为宜。玉竹植株不宜选用黑色土壤种植，否则地下根茎表皮会带黑色而大大降低其经济价值。黏土、排水不良、地势低洼、易积水的地方不宜种植。在pH值5～7.5的土壤中生长良好。玉竹植株忌连作，前作最好是禾本科或豆科作物，如水稻、玉米、小麦、大豆、花生等。

（三）栽培技术

1.高产栽培技术（图1）

（1）栽培方式。选用长50厘米、高40厘米的L型曲尺砖围成宽1米、长30～40米的框架苗床。栽培基质使用配方营养土，配方为：3/4锯木灰，1/4细河沙，菜枯饼肥每立方米15～20千克，钙镁磷肥每立方米2.5千克～4千克，硫酸钾型复合肥每立方米2～3千克，尿素每立方米0.5千克。搅拌均匀后浇透水，再用薄膜覆盖待充分发酵后备用。

（2）精选种苗。人工栽培的玉竹品种以'猪屎尾'最好，品质优、产量高。在收获年份的8月上中旬开始采挖收获时，选择无虫害、无黑斑、无损伤、顶芽饱满整齐、须根较多、色泽新鲜、个体大小均匀、重量在10克以上、略向内凹的当年生粗壮分枝作种。瘦弱细小、芽端尖锐向外突出的分枝及老分枝不能发芽，不宜留种，否则营养不足，影响后代，品质差且产量低。不宜用主茎留种，因主茎肥长，成本较高，清除主茎后的产品不易销售。种茎3～7厘米为一段，每段两三节为宜。遇天气变化不能及时栽种时，必须将根芽摊放在室内背风、阴凉处。

（3）播种时期。春秋两季均可播种，春季3月中下旬，秋季8～10月均可。在秋季下种，早种是高产的重要环节，最佳播种期是立秋到处暑。

（4）种苗消毒。在播种前采用70%甲基托布津+50%多菌灵可湿性粉剂25克配制成500倍液的药剂，将种茎浸泡2～3分钟，取出后即可栽种。药液浸种能控制和减少病害传播，有利于增产。

（5）合理密植。具体密度因条件而异，应根据品种、肥力、生长周期来确定。一般可采用株行距10厘米×30厘米，每亩栽植2万株，需种茎150～300千克。

（6）播种方法。首先在苗床按30米开横沟，沟深10～15厘米，株距10厘米。播种方法有以下3种。

①"一边倒"。将种茎在播种沟内横向排成单行，顶芽朝向一致，略向上倾斜。②"倒八字形"。将种茎成双行排成倒八字形，顶芽一行向左一行向右地排放在播种沟内。③"一左一右"。将种茎横向单行排在播种沟

内，顶芽朝向一左一右。然后覆盖6～7厘米配方营养土，过深则地下新生根茎竖直向上生长，导致次年植株密集、成丛；过浅则地下根茎易露出地面而影响品质。覆土后浇足定根水，最好浇施稀沼液。最后用松枝落叶、稻草或各种秸秆覆盖10～15厘米，保水保肥，也可防冻。玉竹不宜连作，也不宜在辣椒地、番茄地连作种植。

（7）田间管理中耕除草。下种后正值秋季杂草丛生之时，应及时除草，避免杂草与种球争肥水，同时中耕松土对利用和保持土壤水分、对地下种茎生长发育和膨大都有重要作用。待次年出苗后，除草可拔除或浅锄，以免伤害嫩芽，保持厢面无杂草。第2年、第3年根系密布，除草以拔除为宜。

①清沟排水。玉竹喜凉爽、潮湿，耐寒，怕涝。低洼积水易造成地下根茎腐烂而死亡，故在玉竹生长期尤其是4～6月南方梅雨季节时要疏通苗床田间沟系，做到排水畅通，大雨后苗床厢面不积水。但高温干旱时要及时浇水，以湿润土壤为宜。

②覆盖薄膜。覆盖薄膜对提高地温、增加积温、促进越冬期间玉竹种茎根系生长、早出苗都具有明显的作用。生产上在11月中下旬，选择天气晴朗、不封冻，即土壤不过干、过湿时盖膜。盖地膜可采用整厢面平盖，地膜紧贴营养土。

③遮阴降温。玉竹喜光，但忌强光照射，尤其是栽种后第1年植株长势弱，对环境适应能力较弱，经不起7～8月的强光，往往会造成生长期缩短，在立秋前后即枯萎倒苗。若7～8月阴天、雨天多，生长期则可延长到9月下旬。夏季酷暑高温，会严重影响玉竹的生长发育和产量。遇到高温时，一是可采用稻草、枯枝落叶覆盖进行保湿；二是架设简易遮

图1　玉竹田间生长

阴网；三是采用喷灌系统每隔60分钟左右喷水5～10分钟；四是直接向苗床工作道、营养土等处浇水降温。

④施肥培土。玉竹是高肥高产作物，要合理施用氮、磷、钾等肥料，不能单施氮肥。基肥以农家有机肥为主，配施复合肥，基肥混合在营养土中。土壤施肥与叶面追肥相结合。第1次是重施壮苗肥，在3月底至4月上旬，当玉竹苗高5～10厘米时，每亩追施发酵腐熟饼肥100～150千克、复合肥50千克，不与种芽接触，促壮苗。待茎叶基本长成时，可叶面喷施0.2%的磷酸二氢钾。第2次是适施越冬肥，枯苗后覆盖10厘米配方营养土，然后浇水保持土壤疏松、湿润。

（8）植株调整。在玉竹生长中后期，为抑制地上部分营养生长，使养分集中向根茎转移，可摘除花蕾。5月中下旬，一般苗高40～50厘米时选择晴天中午摘除花蕾，以达到平衡生长。5～6月孕蕾期间，除留作种子外，其余花蕾要及时摘除，以免消耗养分，影响地下茎生长。由于玉竹地上茎具有生长单一性和当年不可再生性，所以出苗后要特别注意防范风害和其他外力损坏地上茎干，否则会严重影响产量。

（9）病虫害防治。预防和控制玉竹病虫害的主要方法有：轮作（换料）、选用抗病品种及健壮的种茎、栽植前土壤彻底消毒或拌药制成毒土、控制生长环境湿度等。常见病虫害主要有叶斑病、锈病、白绢病、褐腐病、蛴螬、大青叶蝉等。

①叶斑病。又名褐斑病，为真菌性病害，是玉竹的主要病害。该病主要在5～8月为害叶片，在雨水多的年份、施氮肥过多、植株过密的环境下发病尤为严重。受害叶片产生褐色病斑，圆形或不规则形，常受叶脉所限呈条状，后期出现霉状物。防治方法：一是及时拔除病株，集中烧毁；二是发病初期用70%甲基托布津可湿性粉剂500倍液，或77%可杀得800倍液全园喷施，每隔7～10天喷1次，连喷两三次。

②锈病。该病在雨季为害重，6～7月发病严重。受害叶片上呈黄色，带圆形病斑，背面生有黄色环状小粒。防治方法：一是选用无病地下茎作种；二是发病初期及时拔除病株并烧毁，且全园喷施25%粉锈宁800倍液预防。

③白绢病。该病主要为害地下茎和地上茎基部，初发生时为水渍状暗褐色病斑，其上密生白色绢丝状霉，多呈放射状，后期病部产生褐色油菜粒大小的菌核。在夏秋高温多雨季节和重茬地、大量施用未腐熟厩肥、排水不良等环境条件下易发生。防治方法：一是土壤消毒，每亩施用石灰100千克，杀死菌丝；二是拔除病株，集中烧毁；三是施用25%粉锈宁可湿性粉剂，按200倍拌营养土撒施在根茎处；四是浇施50%代森锰锌500～800倍液，每隔7～10天浇1次，连浇两三次。

④蛴螬。是金龟子幼虫的统称，又名地蚕子、土蚕子。蛴螬在地下啃食玉竹地下根茎，咬断幼苗和根，致使根茎腐烂，也会啃食地下茎皮，形成伤疤，影响玉竹产量和品质；成虫为害叶片。防治方法：一是清洁园地，消灭越冬虫源；二是利用金龟子趋光性强的特点，晚上用日光灯诱杀；三是毒饵诱杀幼虫，用90%敌百虫50克兑水500克，拌菜枯饼肥5千克，傍晚撒在玉竹行间，每隔一定距离撒一小堆。

⑤大青叶蝉。该虫以成虫、若虫群集叶背为害叶片，吸收汁液，造成叶片褪色、畸形、卷曲，直至植株枯死。防治方法：用30%蚜虱净或20%吡虫啉可溶液剂800～1000倍液喷雾。

2.玉竹特色芽苗生产技术

（1）生产场地。玉竹芽苗的生产场地不限，可以利用温室、地窖、大棚或其他简易保护设施，也可以在室内或阳台进行家庭小型生产，还可在工矿企业的厂房内进行工厂化规模生产。不管选择哪种生产形式，其生产场地需具备如下条件：一要满足玉竹芽苗生产对温度的要求。催芽室能保持温度20～25℃，栽培室白天20℃或稍高、夜晚不低于16℃。配备加温设施以利寒冷季节的生产，具备降温、保湿的措施，以便在炎热的夏秋进行栽培。有强制通风喷水设施。二要满足玉竹芽苗生产所需光强。玉竹芽苗生产一般需无光或仅有散光。在大棚等保护地生产，夏秋季节应能遮光，且遮光材料便于覆盖和拆去，以利后期光照绿化。三是应具备洁净的自来水水源、贮水池，以满足玉竹芽苗生产全程对于水的需求。四是生产场地和设施应清洁整齐，无污染。

具体而言，进行规模化的玉竹芽苗商业化生产，夏季可在大棚（覆盖棚膜，两侧留1～1.2米不盖，棚上再盖遮阳网）或有降温通风设施的室内进行,冬季宜在温室或有供暖设施的室内生产。若气温高于18℃而又不炎热,则可露地生产,但需覆盖遮阳网,避免阳光直射,同时加强喷水,保持较高湿度。

（2）生产设施栽培架。为了提高生产场地利用率、充分利用空间进行立体栽培,可设计专用多层立体栽培架。栽培架的规格应根据场地空间大小和栽培容器的尺寸而定。栽培架一般分为5层,每层摆放五六个塑料育苗盘（60厘米×24厘米×5厘米）,每个栽培架可放25个或30个育苗盘。亦可用木制栽培架。为便于栽培架移动,最好在架底安装能自由转向的4个小轮。

①产品集装架。为了方便芽苗整盘运输,应制作产品集装架,规格主要根据拟使用的运输工具（汽车、三轮车）的大小而定,但层间距缩小,适当增加集装架的层数。

②栽培容器。栽培芽苗菜通常采用轻质的塑料育苗盘,常用规格为长60厘米、宽24厘米、高5厘米。

③栽培基质。选用洁净、无毒、吸水能力强、来源广泛、价格便宜的材料如草纸、包装用纸、白棉布、无纱布、泡沫塑料、珍珠岩等作栽培基质。

④喷水设备。芽苗菜需水量很大,生产过程中栽培场所和栽培床须经常喷水。生产上一般采取少喷勤喷的补水办法,可使用小型喷雾器、淋浴喷头或小孔塑料喷壶进行喷水。出苗前喷水的力度可稍大些。出苗后应轻喷,防止幼苗损伤。

⑤其他设备。生产芽苗的其他设备有浸种池、消毒淘洗池、催芽室等。

（3）生产方法。玉竹芽苗菜一般采用土培法或沙培法进行软化栽培。其生产方法关键技术如下。

①种茎选择。选择黄白色、肉质厚、根条均匀、未受冻干缩、无霉烂和病虫害的玉竹根茎作种茎。

②种茎消毒催芽。播种前,可用40%甲醛（福尔马林）150倍溶液浸泡种茎4个小时消毒,再将种茎与干净、潮湿的细沙混合堆积,用湿沙覆盖并盖膜,在25℃下催芽,20天后露芽即可播种。

如果时间允许,还可进行种茎处理。种茎处理的具体方法是:将种茎从种窖中扒出,先露天晾晒两三天,以提高根茎的温度,降低含水量,再用福尔马林100倍液浸泡30分钟,将其在室内晾干后再放到室外晾晒1天,之后进行保湿催芽。

也可以采用种茎隔层催芽:选择气温20℃左右,空气相对较湿润的温室或房子,在地面铺10厘米厚的干净稻草,在稻草上平放一层处理过的种茎,依此一层草一层玉竹根茎,共铺三四层,最上一层的种茎用草盖严,四周用草封严。经半个月左右,种茎可长出1厘米左右的芽。隔层催芽的隔层材料也可用细沙,在棚室内先铺5厘米的细沙,然后平摆1层玉竹根茎,再覆5厘米细沙,如此下去,一直堆到1米高左右。同样,最上覆盖干净稻草保湿,15～20天后种茎会长出1厘米左右长的芽。

③苗床准备。选土质松软、深厚、肥沃的沙壤土,每亩施有机粪肥5000千克,深翻作畦。畦宽1米左右,浇足底水,待水渗匀后覆地膜保温保湿,当床土温度升到15℃以上就可进行播种。

④播种。按行距10厘米开播种沟,株距5厘米,播已催芽的玉竹种茎,再覆5厘米厚细土,盖地膜以保温保湿,促进芽苗生长。

⑤管理。经催芽的种茎播种后,尽量保

持床温20℃左右，在床土湿润的条件下，通常6～7天种芋就开始拱土。拱土时最好在中午前后用温水喷洒疏散盖土。拱土后要揭去地膜，同时设小拱棚覆盖黑膜或草帘进行遮光培养，当芽苗长到5～10厘米长时，趁幼芽黄绿色脆嫩时，从幼芽基部掰下，洗净，分级扎把或装盒上市。

（四）采收

玉竹芽苗生产过程中必须注意以下几点。

①适时采收。芽苗采收太早产量低，采收太晚易纤维化而长成玉竹植株。②防止高温高湿。高温、高湿易造成种茎腐烂。忌强光直射，强光会使玉竹芽老化。③根据市场的需要安排生产。为了增收，最好把产品上市期安排在节假日。如果有时候玉竹芽苗需求有限，一时无法全部按计划上市，可在苗床里隔1穴间拔1穴，隔1行间拔1行。扩大间距，留下的植株转入玉竹药材的生产（图2）。

图2　玉竹收挖

十四、鱼腥草

　　鱼腥草（*Houttuynia cordata* Thunb.）别名蕺耳根、侧耳根、狗贴耳、岑草、蕺、蒩菜、为三白草科蕺菜属多年生草本植物。鱼腥草适宜在温暖、湿润的气候条件下生长，主要分布于我国中部、东南部及西南部各省区，东起我国台湾，西至云南、西藏，北达陕西、甘肃，尤以四川、湖北、湖南、江苏等省居多。野生鱼腥草常生长于海拔300～2600米的树下、路旁、溪边等湿润、荫蔽处。鱼腥草既是南方地区常见的野生蔬菜，又是传统的药用植物，我国南方地区民间自古就有采挖鱼腥草做菜或作药的传统习惯。我国最早进行人工栽培鱼腥草的时间尚无可考，而大规模人工种植是在20世纪80年代，随着野生资源逐渐减少，有些地区的农民开始采集野生鱼腥草进行人工种植，并逐步形成一定规模的种植基地。在市场经济逐步发展后，鱼腥草的流通由原来的满足本地市场，逐步成为销往全国的特色蔬菜，栽培方式不断创新，新产品不断推出。

（一）植物学特性

　　鱼腥草植株呈半匍匐状，茎上部直立，下部匍匐地面，株高30～60厘米，紫红色。弦状根着生于地下茎节上，轮生，长约3～6厘米，根毛很少。地下根茎细长，匍匐蔓延繁殖，白色，圆形，粗0.4～0.6厘米，节间长3.5～4.5厘米，每节除着生根外还能萌发芽，每个芽均可发芽成新的植株。单叶互生，心脏形或卵形，长4.8～7厘米，宽4～6厘米，先端渐尖，基部心形，全缘；叶面平展，光滑，深绿色，叶背紫红色，叶脉5～7条，呈放射状，略有柔毛；叶具柄，长1～3.5厘米，基部鞘状抱茎，托叶下部下叶柄合成线状，短圆形。穗状花序着生于茎端，与叶对生，穗长1.5～2厘米，花序柄长1.5～3厘米，总苞片4枚，白色或淡绿色，花瓣状；花小而密，两性，淡绿色，无花被，雄蕊3枚，长于子房，雌蕊由下部合生的3个心皮组成。蒴果顶裂，种子卵形，有条纹（图1，图2）。

图1　鱼腥草叶片

图2　鱼腥草花

（二）栽培特性

鱼腥草原产亚洲、北美，在我国和日本都有分布。我国食用鱼腥草较早，鱼腥草在古代是一种野生蔬菜，可救荒，对某些疾病有特殊疗效。我国长江以南各省均有分布，现以云南、贵州、四川、湖北四省食用为多。

鱼腥草对温度适应范围广。地下茎越冬，-5～0℃时地下茎一般不会冻死，-15℃仍可越冬气温在12℃时地下茎生长并可出苗，生长前期要求温度16～20℃，地下茎成熟期要求20～25℃。鱼腥草喜湿耐涝，要求土壤潮湿，田间持水量为75%～80%。喜微酸土壤，pH6.5～7为宜。对土质要求不严格，以沙壤土、沙土为好，但在黏质土中也能生长。施肥以氮肥为主，适当增施磷钾肥，在有机肥充足的条件下，地下茎生长粗壮。对光照条件要求不严，弱光条件下也能正常生长发育。

（三）栽培技术

1.无公害栽培（图3，图4）

（1）选地。野生鱼腥草多生长在湿润、肥沃的田边、溪谷、河沟边及低洼地。人工栽培以肥沃的沙壤土及有机质高的土壤为好，黏性和碱性土壤不宜种植，应选择排灌方便、保水性好的低洼地，也可利用水边种植。

（2）繁殖。种苗繁殖有3种方法。①根状茎繁殖。3月上中旬，植株未萌发新苗前，挖出根状茎，用剪刀剪成10～12厘米的小段，每段具有两三个节，并留节须根。按行距30厘米，开3～4.5厘米深沟，株距15厘米，排放沟中后覆土6～10厘米，稍加镇压后浇水，并保持土壤湿润，20天后可出苗。

②分株繁殖。在3～4月鱼腥草均已出土时，挖出母株，进行分株，直接种植于大田。

③扦插繁殖。在夏季高温季节或地温稳定在18℃以上时，修建好苗床，然后选择粗壮的鱼腥草地上茎作插条，插条长度以三四节为宜。扦插时，两节插入土中，一两节露出土表，灌足水，上搭棚遮阳或搭盖遮阴网。也可在整地时混合SA保水剂或JJB保水剂，或用保水剂、促根剂浸根后扦插。扦插后苗床温度保持在25～30℃，相对湿度90%以上。扦插条生出新根并开始生长时，拆掉遮阳网等设施。10～15天后可移栽大田。

（3）整地、定植。耕深30厘米，每公顷施优质土杂肥22.5～30吨作基肥，整平耙碎。作畦时要求畦宽1.2米，高15～20厘米，长度因地而宜。定植时按行距15～30厘米，株距10～15厘米。种植后浇足水，保持土壤湿润。

（4）田间管理。

①中耕除草。幼苗成活到封行前，中耕除草两三次。如田间单子叶杂草发生严重时，可选用10%精禾草克乳油、12.5%盖草能乳油、15%精稳杀得乳油兑水600千克/公顷，喷洒茎叶。有双子叶杂草发生，可进行人工拔除。

②追肥。鱼腥草以全草入药，要求叶肥棵大、茎秆粗，生长期以追施氮肥为主，叶面喷施多种微量元素为辅。为了增加鱼腥草生长期的抗逆能力，在追肥时可适当增加磷、钾肥，一般在定植返青后可进行第1次追肥，每公顷追施腐熟人粪尿15吨或尿素150千克。1个月后进行第2次追肥，每公顷追施尿素225千克，结合浇水可每公顷冲施碳铵600千克或腐熟人粪尿每公顷12～15吨。如果生长后期叶片出现淡黄色或呈现暗红色时，可用农人牌及益农牌等多元液肥、硝酸钾喷

施剂、0.4%磷酸二氢钾和1%尿素叶面喷淋。每次收割后，结合中耕松土，每公顷追施有机土杂肥30吨、尿素300千克或硅钾基复混肥600千克、硒素叶面喷施剂1000倍液，以促进植株重新萌发。越冬期可每公顷施用酵素菌沤制处理的堆肥或厩肥30～37.5吨，施后进行培土过冬。有条件的地方可在地表每公顷撒施沤制麦糠3750～4500千克。

③灌水。鱼腥草喜潮湿的环境，在整个生长期要经常保持田间土壤湿润。天气干旱时应及时灌溉。在植株新叶萌发前，每公顷称取SA保水剂15～22.5千克与细干土300千克，拌匀撒地表后进行中耕混土。

（5）病虫害防治。鱼腥草在整个生长期病虫害较轻，一般不用喷药防治。在高温、干旱季节，一旦有叶斑发生，可用32%乙蒜素酮乳油（克菌）或菌无菌（乙蒜素）1000～1500倍液喷洒。也可用1:1:100的波尔多液在发病初期时喷洒，为了杜绝叶病病原菌在田间积累，每年越冬前，要彻底清除田内植株败叶，带出田间深埋或烧毁。地表普喷1遍石硫合剂或土病铲除剂等药剂。鱼腥草的主要虫害是革黄卷蛾，以幼虫为害嫩叶、嫩芽，在幼虫发生期可用1.8%爱福丁（阿维菌素）4000倍液喷洒。

图3　鱼腥草老茎

图4　鱼腥草嫩茎

2.冬季嫩茎叶鱼腥草丰产栽培（图5，图6）

（1）选地整地。选择土层深厚，土壤疏松肥沃，有机质含量高、保水和透气性好的地块。地块要深翻超过25厘米，土块应耙平、耙碎，做到地块疏松、平整。

（2）选种。以嫩茎叶为紫红色、纤维含量低、商品性好的鱼腥草品种作种用。

（3）播种。播种的最佳时间为每年的2月下旬至3月中旬，每亩用量250～300千克。按3米宽包沟作厢，厢沟50厘米，沟深25～30厘米；在厢面开沟种植，行距25～30厘米，沟深8～10厘米、沟宽12～15厘米，栽植行距25～30厘米，株距5～8厘米，播种后盖土5～6厘米厚。每亩施腐熟有机肥3000～4000千克、过磷酸钙50千克和三元复合肥50千克作底肥。

（4）田间管理。播种后土表发白，浇1次保墒水。高温干旱时，播种后要保持土壤湿润1周左右，以免种茎干枯，降低发芽率。

齐苗后每亩浇施腐熟清粪水1000千克或施尿素5千克提苗；茎叶旺盛生长期，浇施清粪水1500千克或撒施复合肥10千克；6月再追肥1次，每亩施复合肥8～10千克，促使植株在高温干旱来临前封行。

封行后用0.2%～0.3%的磷酸二氢钾液喷施叶面，每隔7～10天喷施1次，连续喷施两三次，每亩喷施60千克，可增加鱼腥草香味和产量。

出苗到封行前，中耕除草两三次，以防杂草。大雨天晴后，及时中耕以防土壤板结。

（5）主要病虫害防治。

①红蜘蛛。亩用5%唑螨特15毫升兑水15千克喷雾防治。

②紫斑病。当植株发病率达20%时，喷洒3%多氧清（多抗霉素）水剂或78%科博（波尔·锰锌）可湿性粉剂，每隔7～10天喷1次，连续喷两三次。

③白绢病。发病初期，喷施四霉素500倍液在病株茎基部或用适乐时（咯菌腈）1000倍液浇灌病株根茎和邻近植株。严重时应采用轮作，以水旱轮作效果最好。

④茎腐病。发病初期，选用50%多菌灵可湿性粉剂或70%甲基硫菌灵可湿性粉剂800倍液喷雾防治，每隔7～10天喷1次，连续喷施两三次，或用适乐时1000倍液浇灌病株根茎和邻近植株；严重时应轮作，以水旱轮作效果最好。

（6）嫩茎叶栽培管理。

①适时割苋。一般在10月下旬至11月中旬，收割地上部，采用拱棚覆盖栽培的嫩茎叶可在元旦和春节期间上市，此时的市场价格最高。另外收割的老茎叶可作药材出售。

②肥水管理。以氮、钾肥为主，每亩施尿素30千克、硫酸钾8千克、有机肥500千克，施肥后补水。

③搭棚、覆膜。生产中棚架材料有竹架和钢架两种。竹架成本低，牢固性差，使用年限不长；钢架成本较高，牢固、抗风雨性能好，

使用寿命长。塑料薄膜覆盖一般前期盖一层白色无滴薄膜，待鱼腥草嫩茎叶长至10～13厘米时，再在幼苗上面盖一层黑色薄膜，时间为7～10天，可起到避光和软化作用，使幼嫩茎叶呈紫色且纤维素含量低，口感脆、嫩。

④温度管理。冬季鱼腥草嫩茎叶生产以拱棚增温管理为主，但11～12月有时短期棚内温度可达到30℃以上，容易造成幼苗徒长或灼伤幼苗嫩叶，要及时揭棚通风透气，调节棚内温湿度。

⑤防除杂草。棚内温度适宜，杂草易于生长，严重时会影响鱼腥草正常生长，应及时除草。

图5　鱼腥草嫩叶

图6　鱼腥草嫩茎叶

3.鱼腥草嫩芽栽培技术

（1）播种时期。鱼腥草嫩芽一般在温度较低的冬春季节价格最好，因此多安排在冬春季节上市销售。为了使鱼腥草有充分的生长时间，使植株积累足够的养分，为后期的嫩芽生长创造条件，一般应安排在上一年的冬春季节播种，也就是说，鱼腥草嫩芽栽培大约需要1年左右的生长时间。紫叶鱼腥草和绿叶鱼腥草均可作嫩芽栽培。紫叶鱼腥草的嫩芽为粉红色，绿叶鱼腥草的嫩芽为白色或浅黄色。根据当地消费者的喜好选择栽培类型。

（2）培育壮苗。培育鱼腥草壮苗是生产优质高产嫩芽的基础。鱼腥草嫩芽的产量和品质与前期鱼腥草植株的生长状况有直接关系，鱼腥草前期生长良好，则后期嫩芽的产量和品质就好。培育鱼腥草壮苗需做好土地选择、整地施肥、开沟作畦、覆盖栽培、控制杂草、水肥管理、防治病虫等栽培环节，为后期嫩芽覆盖栽培奠定基础。

（3）适时割苗。在11月中下旬，温度降至15℃以下时，应及时割除鱼腥草的地上部分，为覆盖培芽作准备。割苗的时机需要掌握得当，如果割得太早，气温在15℃以上，在覆盖增温的条件下温度可能达20℃以上，则会使幼芽提早快速上蹿，导致幼芽细长，水分偏多，失去鱼腥草嫩芽的风味，这种产品在市场上不受欢迎。如果割得较晚，就有可能错过元旦春节的消费旺季，其销售价格会受到影响。割除鱼腥草地上部分后，要及时扎捆晾晒，可作药材销售。

（4）施肥。割除老茎叶后，应扒除残枝落叶，避免成为病虫害的传播源。鱼腥草植株经过近1年的生长发育，积累了相当的养分，在割除鱼腥草的地上部分后，嫩芽的养分主要靠地下茎提供。此时补充肥料和水分，可以为幼芽萌发和生长提供充足的养分供给。肥料要求以氮肥和钾肥为主，适当搭配少量磷肥。每亩施尿素10千克、硫酸钾10千克、人畜粪水600～1000千克。一般先撒施化肥，再泼施粪水，也可以将化肥与粪水混合后施入。在有条件的地方，可以采取放水淹田的方法施肥补水，淹田的时间一般为24小时。在淹水的条件下施肥，一方面施肥可以更均匀，而且淹水后可以杀灭土中的部分病虫害，起到一举两得的作用。

（5）覆盖培芽。鱼腥草嫩芽必须在温暖、湿润、黑暗的覆盖条件下培育。覆盖的方法有3类。

①秸秆覆盖。鱼腥草嫩芽栽培的主要覆盖方式，可以起到保温、保湿、遮光、抑制杂草的作用。通过覆盖秸秆，使鱼腥草地下茎嫩芽在适宜的温湿度条件下萌发，并利用嫩芽在黑暗条件下向上不断生长的特性，培植出粗壮、松脆的嫩芽。覆盖的秸秆材料主要有稻草、麦秆、高笋叶、玉米秸秆等。秸秆的覆盖厚度为20～30厘米。一般是用8～10亩稻草、麦秆、高笋叶、玉米秸秆覆盖1亩鱼腥草嫩芽。比较4种农作物秸秆的保温效果，稻草的保温最好，麦草次之，玉米秸秆最次。不论哪种秸秆均要干燥，否则会降低其保温性能。在秸秆收获后要进行多次翻晒，确保秸秆干燥，以提高保温效果。在施入的肥水收干后即可进行覆盖。为了提高覆盖的温度，减少泥土污染，提早收获嫩芽，还可先在地表覆盖一层塑料塑料薄膜，再覆盖秸秆，然后再在秸秆上覆盖一层地膜，防止雨水渗漏降低覆盖的效果。

②拱棚覆盖。采用秸秆覆盖尽管效果很好，但费工费时，而且还会受到覆盖材料的限制。在这种情况下，可以考虑采用小拱棚塑料薄膜覆盖的方法培育嫩芽。在秸秆较少的地区可以采用多层塑料膜覆盖方式培育嫩芽，省工省时。嫩芽穿过地膜向上生长，可以减少杂草对产品的污染，方便清洗。塑料拱棚的宽度主要是根据塑料薄膜的宽度决定，一般幅宽为3.5米，走道0.5米。拱棚材料可采用竹制或金属架两种。为了提高棚内温度，应采用厚型塑料膜。要求覆盖3层，贴地覆盖薄膜为黑色厚型塑料膜，小拱棚覆盖一层黑色塑料膜，一层可采用较为便宜的白色厚型塑料膜。黑色塑料膜具有保温和遮光的双重作用。

③秸秆拱棚混合覆盖。割除老茎叶后，培植嫩芽的关键就是保温。嫩芽生长的速度、产量与生长环境温度成正相关。温度越高，嫩芽生长速度越快，产量越高。拱棚覆盖消耗的劳动力较少，但保温的效果不及秸秆；秸秆的保温性能优于塑料拱棚，但需要的材料多，运输贮存也很麻烦，又不能无限增加覆盖的厚度，因此，采用秸秆覆盖加拱棚覆盖的方式应运而生。这种方法保温效果好，出芽早，产量高，尽管增加了成本和劳作的时间，但效益非常可观，在有条件的地方可以采用。

（四）采收

鱼腥草嫩芽的收获有多种方式，可以分时进行或同时进行。

1.单独收割嫩芽

鱼腥草嫩芽的价格在每年年底至春节期间最好，因此首茬嫩芽均安排在此期采收。在嫩芽长度达到15厘米左右时，将覆盖的秸秆扒开，用齿扒将杂草捞净，即可用镰刀或其他刀具收割。鱼腥草嫩芽含水量高，不耐贮藏，收割后要及时销售，不可久存。揭开秸秆后要将敞开的嫩芽全部收割，如果扒开秸秆后不及时收割，其嫩芽在光照条件下会展开叶片形成幼苗，销售价格就会大打折扣。

2.收割嫩芽后收挖地下根茎

鱼腥草嫩芽收割后，可根据市场行情适时采挖地下茎出售。在收割嫩芽之后，地下茎顶端的切面会形成褐色刀疤，农民称为"孽头"，影响外观，因此在采挖地下茎之前，要先用锄头将地表上的褐色刀疤铲除，形成新鲜的痕迹。嫩芽的地下茎一般在5月以前采挖出售，这是因为鱼腥草的繁殖方法是在采挖地下茎后有意留下部分断茎，作为次年栽培的种茎，采挖地下茎后，留在地里的种茎需要

适宜的水分才会发芽出苗，开始新一轮的生长。南方地区5月以后气温逐渐升高，旱情频发，不利于新芽萌发和出苗。此外，新的鱼腥草植株需要较长时间的养分积累培育壮苗，一般需要285天以上，才能培育出高产优质的嫩芽。如果出苗太晚，植株生长时间不充分，地下茎的养分积累不足，将影响后期嫩芽的产量和质量。因此，在市场行情允许的情况下，应适当早采早卖地下茎，为第2轮生产创造条件。

3.嫩芽和地下根茎同时收挖

挖出后洗净，再将有嫩芽的地下茎和没有嫩芽的地下茎分类出售，也可以整株出售。

鱼腥草嫩茎叶的采收：当嫩茎叶长至15～17厘米，四五片叶时收割出售。一般冬季嫩茎叶栽培可采收两次，第一茬嫩茎较粗、脆、商品性好，但消耗较多养分，第二茬鱼腥草嫩茎叶较细，应增施追肥。一般第1茬每亩产量900～1000千克，第2茬每亩产量600～700千克。鱼腥草嫩茎叶不耐贮藏，收割后可用绳打捆或纸箱包装销售。当地上嫩茎叶采收完毕后，即可采收地下茎，每亩产量3000～4000千克，地下茎要清洗干净，分级后及时销售。

附录

附录1　山药栽培技术规范

（DB35/T 1266—2012）

本标准按GB/T1.1-2009《标准化工作导则第1部分：标准的结构和编写》给出的规则起草。

本标准由福建省农业厅提出并归口。

本标准起草单位：福建省农业区划研究所、福建省农业厅农产品质量安全监管处、明溪县种子管理站。

本标准主要起草人：郭力群、黄曦、黄佳佳、邱昌颖、张瑜、庄学东、邓汉伦。

1.范围

本标准规定了山药（*Dioscorea opposita* Thunb）栽培的术语、定义、产地环境、生产管理措施、病虫害防治、采收、分级、包装、运输与贮藏的技术要求。本标准适合山药标准化生产。

2.规范性引用文件

下列文件对于本文件的应用是必不可少的。凡是注日期的引用文件，仅所注日期的版本适用于本文件。凡是不注日期的引用文件，其新版本（包括所有的修改单）适用于本文件。

NY/T391-2000绿色食品产地环境技术条件

NY/T393-2000绿色食品农药使用准则

NY/T1065-2006山药等级规格

3.术语和定义

NY/T391-2000、NY/T393-2000、NY/T1065-2006界定的以及下列术语和定义适用于本文件。

（1）山药栽子。山药块茎靠近藤蔓端具隐芽的一段繁殖材料。

（2）山药段子。山药块茎按8～10厘米长度切割成段的繁殖材料。

（3）山药余零子。山药叶腋间着生可用作繁殖材料的气生块茎。

4.产地环境

（1）产地环境要求。产地环境应符合NY/T391-2000的规定。

（2）园地选择。选择地势高、地下水位在100厘米以下、排灌便利、无黏土夹层或石块，肥沃、疏松的沙壤土或壤土为种植基地。

5.生产管理措施

（1）种植时间与品种选择。

①种植时间。霜期结束后即可种植（通常在3月中旬至4月下旬）。

②品种选择。选用抗病、优质、丰产、商品性好，适应市场的品种。

（2）整地。沿南北走向间隔100～150厘米，开挖深沟，起垄作畦，沟宽20～40厘米，深60～100厘米，畦高20～40厘米，畦宽60～80厘米，并挖好环田排水沟。

（3）播种。

①种块准备。种块依品种不同而异,一般有如下3种。

山药栽子。在采收山药时切取山药栽子,长度15厘米,放在室内通风处晾1周左右,促进断面伤口愈合。存放在干燥、阴凉处,一层栽子上覆盖一层湿润的河沙,含水量以手握之成团、松开即散为宜,交替放3～5层后覆盖稻草,保持温度在0℃以上。

山药段子。选择表皮无破损、粗细均匀、无病虫害、肉色洁白的块茎作种。在种植前20～25天将作种的块茎分切,种块重量不宜少于50克。分切山药段子应选在晴天,刀面用75%酒精消毒,分切时注意保留每块段子上的皮层并在切口一端蘸上石灰粉或草木灰杀菌,或用50%多菌灵500倍液浸种15分钟,捞出晾干,存放于阴凉通风处,应注意区分上下端,以便种植,待切面愈合后下种。建议种块先催芽后定植。由于各部位的优势不同,切块时应有所区别,分别堆放,分区栽培,靠近藤蔓的块茎顶端切块可以小一点,50克左右为宜,中、下部位的在70～80克之间。

山药余零子。在9～10月间山药余零子成熟时,选取大的作种,与沙土混合,贮于干燥、阴凉处,此法可对山药进行更新复壮。在种植前15～20天,应对余零子进行催芽处理,将余零子埋于湿沙中,保持20～30℃,当萌芽率达80%以上时,挑选其中长势较好的幼苗移植大田。

②定植期。霜期结束、地表5厘米处地温稳定在12℃以上时,开始定植。

③定植密度。行距100～130厘米,株距10～15厘米,一般每亩种植3300～4000株。

④定植方法。山药种块经催芽后,采用高畦、高垄或打洞方法种植。高畦、高垄种植前在中央开10厘米深的沟,施少量的种肥(腐熟有机肥),并将种肥与表土充分混合后,放入种苗,耙平畦面。打洞种植是利用长约140厘米、直径2厘米左右的铁棒或打孔机打洞,按株距10～15厘米,垂直打洞,洞深约100厘米,将种苗芽朝上,放于孔洞中,覆土6～8厘米。

移栽应在晴天下午进行,经育苗处理的种块在栽植后应立即浇定根水,并覆盖稻草。

(4)田间管理。

①适时搭架。山药蔓长10厘米左右时,用竹竿每两三株插一根搭成人字架或篱笆架,架高200厘米以上,每株选留1条强壮枝蔓,引蔓上架,及时摘除基部侧枝。

②水分管理。茎叶进入旺盛生长期(出苗后40～50天以后)灌"跑马水",多雨季节及时排水。

③中耕除草。中耕除草应在早期进行,要求浅耕,只将土壤表面锄松即可。

④施肥。

基肥。一般每亩施腐熟有机肥2000～2500千克、过磷酸钙40～45千克、硫酸钾型复合肥40～50千克。将有机肥与无机肥混匀后沟施或穴施。

追肥。5～6月每亩施尿素10～15千克,6～7月施硫酸钾型复合肥30～40千克,8月中下旬施硫酸钾20千克。

6.病虫害防治

(1)山药主要病虫害。山药主要病害有:炭疽病、褐斑病、枯萎病、根腐病等。主要虫害有:红蜘蛛、金龟子幼虫、蝼蛄、斜纹夜蛾等。

(2)防治原则。按照"预防为主,综合防治"的植保方针,坚持以"农业防治、物理防治、生物防治为主,化学防治为辅"的无害化控制原则,科学合理防治,保证生产安全、质优的山药产品。

（3）农业防治。

①实行一年以上的水旱轮作。②阴雨天注意排涝。③推行深耕和高垄栽培，增加通透性，避免株间郁蔽、高湿。④采收后将留在地上的病残体，集中烧毁并深翻，减少越冬菌虫源。⑤选用良种种块，培育无病虫壮苗。⑥在种植前每亩用10千克生石灰撒在开好的种植沟上，再放种块。⑦搭架用的材料，如使用多年，应先进行消毒。

（4）物理防治。可用杀虫灯等诱杀和驱避害虫。

（5）生物防治。利用杀螟杆菌、白僵菌、苏云金杆菌等生物药剂防治有关害虫；使用硫酸链霉素和农用链霉素防治细菌性病害。

（6）化学防治。加强对山药田间病虫害的调查，掌握病虫害发生动态，适时进行化学防治。防治时注意化学药剂和生物药剂交替使用，以减少病虫抗药性的产生。选用的药剂必须用经国家或省级农业部门登记并严格按照NY/T393-2000规定执行。

7.采收

（1）采收时间。商品山药可根据市场需求，从8月中旬开始陆续采收，直至次年4月。

（2）采收方法。在畦的一侧挖约30厘米宽的沟，用铲子铲除山药根茎两旁的泥土，直到沟底见到山药根状块茎尖，然后握住山药栽子上端，铲断侧根和山药栽子贴地表层的根系，将完整的山药取出。

8.分级、包装、运输与贮藏

（1）分级和包装。分级和包装按NY/T1065-2006规定实施。

（2）运输。运输过程中应注意防冻、防雨淋、防晒，保证通风、散热。

（3）贮藏。山药贮藏适宜温度为2～4℃，相对湿度为65%左右。

附录2 高山薇菜人工栽培技术规程

（报批稿）

本标准按照GB/T1.1-2009《标准化工作导则第1部分：标准的结构和编写》给出的规则起草。

本标准由湖北省农业科学院提出并归口。

本标准起草单位：湖北省农业科学院经济作物研究所、湖北长友现代农业股份有限公司。

本标准主要起草人：陈磊夫、周长辉、郭凤领、邱正明、张长友、张绪华、姚明华、吴金平、聂启军。

1.范围

本标准规定了薇菜（*Osmunda japonica* Thund）的术语和定义、产地环境、种苗繁育、栽培技术、采收、病虫害防治以及档案管理的技术要求。

本标准适用于湖北省高山薇菜人工栽培。

2.规范性引用文件

下列文件对于本文件的应用是必不可少的。凡是注日期的引用文件，仅所注日期的版本适用于本文件。凡是不注日期的引用文件，其最新版本（包括所有的修改单）适用于本文件。

GB4285农药安全使用标准

GB/T8321（所有部分）农药合理使用准则

NY/T391绿色食品产地环境质量标准

NY/T394绿色食品肥料使用准则

3.术语和定义

下列术语和定义适用于本标准。

（1）薇菜。薇菜是紫萁（*osmunda japonica* thund）及其近缘种分株紫萁（*osmunda cinnamomea* var.asiatica fernald）的嫩叶柄。为宿根性多年生蕨类植物，春季处于拳卷期的嫩叶柄可食，营养丰富。本标准中的薇菜是指紫萁，不包括分株紫萁。

4.产地环境

栽培地宜选择海拔800～1500米，排灌方便、透气、肥沃、pH5.8～6.7，以沙壤或黄棕壤土为主的地块。栽培地环境条件应符合NY/T391的要求。

5.种苗繁育

主要采用薇菜孢子漂浮式二段育苗。

（1）孢子收集。3月下旬起采集健壮植株的孢子囊，置于阴凉、通风处自然干燥，5～7天去除孢子囊及杂物后，将孢子粉装入纸袋中，5～10℃条件下干燥保存待播。

（2）建漂浮槽。温室大棚中建长10～15米、宽1～1.2米、高0.15～0.2米的砖砌漂浮槽，槽内铺塑料膜，保持8～10厘米深的清水。

（3）备漂浮盘。选长50～55厘米、宽40～45厘米、内深4～5厘米的泡沫盘，底部打9～12个孔，孔径0.5～0.8厘米。将草炭经高温灭菌后拌湿平铺装盘，将漂浮盘放入水槽中待播。

（4）播种孢子。4～6月为适宜播种期，以4月下旬至5月上旬最佳。孢子粉用纱布包裹，轻拍使其均匀播撒于基质表面，每平方米播孢子粉1～2克。

（5）播后管理。保持水槽存水，适时喷雾，保持基质表层相对湿度在80%以上。盖遮阴网，适时通风，保持20～25℃室温。营养叶长出后，宜每两个月施45%硫酸钾型复合肥于水槽中，浓度0.3%以内，并根据长势喷施0.3%～0.5%的磷酸二氢钾。肥料使用应符合NY/T394的要求。

（6）假植。苗高3厘米以上，具两三片叶片时可移栽假植。土与草炭按7:3配成苗床土，按株行距8～10厘米假植，每穴栽一两株，盖遮阳网，适时喷水保持基质湿润，保持20～25℃室温。及时拔除杂草，可视长势施用沼液或喷施0.3%～0.5%的磷酸二氢钾。肥料使用应符合NY/T394的要求。

（7）出圃。假植苗高10厘米以上，叶数3片以上时宜移栽大田。

6.栽培技术

（1）栽培季节。除7月和8月外全年均可定植，以11～12月栽培最佳。

（2）整地施肥。土壤深耕30厘米，每亩宜施腐熟农家肥2500～3000千克或硫酸钾型复合肥50～60千克。肥料使用应符合NY/T394的要求。

（3）起垄整厢。按厢宽150厘米，沟宽20厘米，厢高10～15厘米，大田沿南北向或在荒坡沿等高线带状起垄整厢。

（4）种植方式。孢子苗定植后，前3年宜在厢中间套种玉米遮阴，3年后改为单作。

（5）定植。

①定植密度。每亩宜定植种苗4000株左右，每厢栽两行，株距22～23厘米，行距70～75厘米。

②定植要求。定植的种苗大小尽量一致，栽后宜覆土3～5厘米，及时浇定根水。非休眠期定植需根据温度剪除叶片。

6.田间管理

（1）查苗补苗。定植后于次年4月或10月查苗补苗。

（2）肥水管理。11～12月每亩追施农家肥2000～2500千克、商品有机肥（N+P_2O_5+K_2O≥5%，有机质≥45%）100千克或硫酸钾型复合肥30～40千克。5月采摘结束后每亩追施尿素25千克，硫酸钾型复合肥20千克。肥料使用应符合NY/T394的要求。

（3）除草。春季嫩薹出土前及时喷雾除草；嫩薹出土后宜人工锄扯，沟间锄除。除草剂的使用应符合GB/T8321的要求。

（4）越冬。1月下旬割除地上枯萎茎叶及杂草铺于厢面，留梗3～5厘米。

7.采收

（1）采收时间。定植后第3年起可采收，采收期3月下旬至5月上旬，同一田块持续采收25～30天，采收后期每株留两三片营养叶。

（2）采收标准。嫩薹长10～15厘米，基径0.2～0.4厘米，叶顶端未展开时即可采摘，从基部摘取。

（3）采后处理。采后当天初加工，按照抢

烫、变红、揉搓、干燥、整理和贮藏的工艺流程处理。无法及时加工的应放置于阴凉处或冷库保存。

8.病虫害防治

（1）防治原则。贯彻"预防为主，综合防治"的植保方针，通过培育壮苗，加强栽培管理，科学施肥，改善和优化菜田生态系统，创造有利于薇菜生长发育的环境条件。优先采用农业防治、物理防治、生物防治，配合科学合理的化学防治。

（2）主要病害。苗期主要病害为霉菌和白粉病，霉菌易在播孢基质上产生霉层，影响孢子萌发和原叶体形成。田间主要病害为白粉病，易发生于荫蔽度较大、湿度较高的田块，植株发病表现为叶片提早枯死。

（3）防治措施。

①霉菌防治。苗期防霉菌，应对基质、孢子进行严格消毒杀菌处理，产生菌落时用50%多菌灵可湿性粉剂500～600倍液喷雾防治。农药使用应符合GB4285和GB/T8321的要求。

②白粉病防治。苗期或田间应防范白粉病，应注意降低环境荫蔽度和湿度。苗期用15%粉锈宁1000～1200倍液喷雾防治，田间用15%粉锈宁800～1000倍液喷雾一两次防治。农药使用应符合GB4285和GB/T8321的要求。

9.档案记录

生产地块应建立独立、完整的生产记录档案，保留生产过程中各个环节的有效记录，以证实所有的农事操作遵循本指导性技术文件规定，记录应保留两年以上。

附件3 食用百合无公害生产技术规程

（DB34/T395-2004）

本标准编写格式按GB/T1.1-2000的规定执行。

本规程由天长市农业委员会提出。

本规程起草单位：天长市农业委员会

本规规程草人：李霞红、肖昌彬、戴其霞、张城

本规程于2004年2月19日首次发布。

1.范围

本标准规定了百合无公害生产的产地环境技术条件，肥料农药使用的原则和要求，生产管理等系列措施。

本标准适用于江淮地区的百合露地无公害生产。

2.规范性引用文件

下列条文中条款通过在本标准的引用而成为本标准的条款。凡是注日期的引用文件，其随后所有的修改单（不包括）勘误的内容）或修订版均不适用于本标准，然而，鼓励根据本标准达成协议的各方研究是否可使用这些文件的新版本。凡是不注日期的引用文件，其新版本适用于本标准。

GB8079-1987蔬菜种子

GB/T18407.1-2001农产品安全质量无公害蔬菜产地环境条件

DB34/204-2000无公害蔬菜栽培技术规程

3.产地环境技术条件

产地环境条件应符合GB18407.1-2001的规定。

4.肥料、农药使用的原则和要求

百合无公害生产中使用肥料的原则和要求，允许使用和禁止使用的肥料种类等按DB34/204肥料管理执行。控制病虫害安全使用农药的原则和要求，允许使用和禁止使用农药的种类按DB34/204农药执行。

5.种子

（1）品种选择。选用优质、抗病、高产、适应性强、商品性好的品种。如卷丹4号、龙芽百合等。

（2）种子质量。应符合GB8079-19871中的要求。

（3）种子处理。选择健壮肥大，符合本品种的特征特性，圆整、鳞片洁白、抱合紧密、大小均匀、无病虫害的鳞茎作种茎，用50%多菌灵800倍液浸种30分钟后，捞出晾干。

6.整地播种

（1）整地。选择土层深厚、疏松，富含有机质、排水良好、无病虫源的沙壤土或轻质沙壤土，忌连茬。作畦，畦宽2.6～3.3米，沟深30厘米，沟宽30厘米，三沟相通，防止畦面渍

水,畦面宜呈龟背状。

（2）施肥。每亩施腐熟的农家肥2500～3000千克、腐熟的饼肥50～75千克,三元复合肥100千克作基肥,深翻、整细整匀。

（3）栽种。

①播种期。一般从9月中旬至10月中下旬播种均可。

②栽种。单个种鳞茎重20～25克,采用株距12～15厘米,行距15～20厘米。单个种鳞茎重25～30克,采用株距15～18厘米,行距18～22厘米。

每亩用种350～400千克。播种后覆土,深度以鳞茎顶端入土5～6厘米为宜。提倡地膜覆盖技术,出苗后注意及时破膜并用土封好压实出苗口。

（4）田间管理。

①除草。在杂草出齐后,每亩用20%克无踪水剂或41%农达水剂150～200毫升,兑水50千克对杂草叶面喷雾,此种方法只能在百合出苗前进行。也可在百合8～10叶期时,人工浅中耕锄草一次,确保田间无杂草。

②追肥盖草。1月下旬结合中耕除草后,每亩施腐熟的稀薄人粪尿2500～3000千克,保温、保湿以促进百合根系生长。夏季百合摘顶心后,植株叶色淡黄,要及时看苗追施鳞茎膨大肥,每亩追施尿素10～15千克,趁雨撒施或施后人工浇水一次。

未盖地膜的田块,追施膨大肥后,每亩用切碎稻草350～400千克铺于土面,用以降温、保湿。

③水分管理。百合播种后,如遇较长时间不下雨,可适当浇一次水,使土壤保持一定的湿度。百合摘顶心后,鳞茎开始膨大,如遇长时间无雨,应每星期浇一次透水,直至收获。如遇持续阴雨天气,要做好清沟排渍工作,确保雨停田干。

④摘顶心。5月10日至5月15日,百合株高35厘米左右时为摘顶心佳时期。摘顶心应根据田间实际生长情况进行。

⑤去珠芽。一般是在摘顶心10天后,百合植株叶腋里气生紫褐色珠芽开始出现,应随现随抹。

⑥病虫害防治。

百合虫害主要有地下害虫蛴螬、地老虎等。防治方法：在百合出苗前,每亩用新鲜菜籽饼5千克压碎炒香拌入适量温水溶化开的90%晶体敌百虫粉0.7千克,拌匀,制成毒饵在田间诱杀。百合出苗后,如发现虫害可用90%晶体敌百虫或50%西维因可湿性粉剂800倍液灌根,每株喷施药液150～200克。

百合的病害主要有疫病、立枯病、叶斑病等,一般混合发生。多在高温多雨的5月中旬或6月上旬。防治方法：每亩用50%多菌灵可湿性粉剂150克、20%可杀湿性粉剂100克或75%百菌清可湿性粉剂100克兑水50千克喷雾,几种药剂交替使用,每隔7～10天用一次药,连续防治两三次。

7.采收

秋季百合地上部分的茎叶开始枯黄,植株停止生长并落叶,直至地上茎完全枯死,这时鳞茎正充分成熟,为百合采收期。采收时应在晴天掘起鳞茎,去根泥、茎秆,运回室内,用草覆盖,避免阳光照射。

附录4 高山蔬菜花魔芋健康栽培技术规程

（报批稿）

标准按照GB/T 1.1-2009《标准化工作导则 第1部分：标准的结构和编写》给出的规则起草。

本标准的某些内容可能涉及专利，本标准的发布机构不承担识别这些专利的责任。

本标准由湖北省农业科学院提出归口管理。

本标准起草单位：湖北省农业科学院经济作物研究所、恩施土家族苗族自治州农业科学院、宜昌市农业科学研究院、巴东长友魔芋食品有限公司、竹溪县泉溪益群魔芋专业合作社。

本标准主要起草人：吴金平、矫振彪、郭凤领、陈磊夫、杨朝柱、彭金波、刘越、刘安全、张晓莲、邱正明。

1.范围

本标准规定了花魔芋健康栽培产地环境条件、栽培技术、病虫害综合防治、采收、包装与运输及种芋贮藏的要求。

本标准适用于湖北省境内高山地区花魔芋栽培，其他地区亦可参考。

2.规范性引用文件

下列文件对于本文件的应用是必不可少的。凡是注日期的引用文件，仅所注日期的版本适用于本文件。凡是不注日期的引用文件，其最新版本（包括所有的修改单）适用于本文件。

NY/T 391 绿色食品 产地环境质量

NY/T 394 绿色食品 肥料使用准则

NY/T 393 绿色食品 农药使用准则

3.术语和定义

下列术语和定义适用于本标准。

（1）花魔芋（*Amorphophallus konjac* K. Koch ex N.E.Br.）。重要的魔芋栽培种之一，块茎近球形，顶部中央稍凹陷，肉为白色，有的微红。叶柄黄绿色，光滑，有绿褐色斑块。叶片绿色，3裂。佛焰苞漏斗形。花魔芋属半阴性植物，具有喜阴、喜凉、喜湿，怕渍、怕旱、怕热等特点，高温高湿和强光照加重病害，栽培上主要采取遮阴措施来创造适宜花魔芋生长的小环境。

（2）种芋（Parent corn）。用于繁殖花魔芋的根状茎或球茎材料。

4.产地环境条件

产地环境质量应符合NY/T 391的规定。在海拔900～1400米处栽培为宜。

（1）土壤选择。宜选择土层深厚、肥沃、疏松，pH值为5～7的沙壤土或壤土，忌黏土、沙土。在排灌良好、略带坡度、未栽种过花魔芋或经过3年以上轮作的田块生长良好。

（2）产地气候条件。花魔芋的生长适温

为 15 ～ 35℃。苗期适宜温度为 15 ～ 20℃,球茎膨大期(7 ～ 8 月)适宜温度为 20 ～ 30℃。

5.栽培技术

（1）整地。前作收获后,冬前深耕 30 厘米以上,播种前每亩撒生石灰 50 千克并进行翻耕。在雨水充足的地区,采用高畦窄厢种植,厢宽 1 ～ 1.2 米,厢高 25 厘米以上;在雨水较少、缓坡易旱地带,采用宽厢浅沟种植,厢宽 1.2 ～ 1.5 米。厢间留 60 厘米左右的高秆作物行。

（2）施底肥。底肥应占总施肥量的 80%,在翻耕或播种时施用。底肥要以充分腐熟的农家肥或生物有机肥为主,每亩农家肥施用量 2000 ～ 2500 千克、生物有机肥施用量 75 ～ 100 千克,辅以魔芋专用肥 10 ～ 20 千克、复合肥($N:P_2O_5:K_2O=15:15:15$, 下同)50 千克左右,忌施含氯化钾的复混肥。施肥时应注意做到种肥隔离。肥料施用应符合 NY/T394 的规定。

（3）种芋准备。按照无黑头、无腐烂、无冻伤、少鞭痕,顶芽健壮的标准精选成熟度好、种性纯的种芋。将种芋按大小分成 50 克以下、50 ～ 100 克、100 克以上 3 个级别,用 72% 的农用链霉素 800 ～ 1000 倍液添加 10% 的甲基托布津可湿性粉剂 400 ～ 600 倍液或 50% 多菌灵可湿性粉剂 400 ～ 600 倍液浸种 1 小时,也可平摊后喷雾消毒,晾干或晒干备用。

6.种植

（1）播种时间。 海拔低于 1000 米的地区可在 11 月播种,即边挖边种或在收挖后降雪前播种(损伤和调运的种芋年前不宜播种)。海拔高于 1000 米的地区在 3 月底至 4 月中旬,土层 5 厘米以下连续 5 天平均温度达到 10℃以上即可播种。

（2）播种方法。播种时应顶芽倾斜,与地面垂直倾斜约 45° 左右。注意做到种肥隔离,翻耕时未施底肥,在种芋上盖 2 厘米左右的土层后再放置肥料,播种深度 10 厘米左右。

（3）播种密度。以球茎为种芋时,株距为球茎横径的 4 倍,行距为球茎横径的 6 倍;以根状茎为种芋时,株距为根状茎横径的 7 倍,行距为根状茎横径的 14 倍。

（4）种植模式。夏季温度超过 30℃的地区,阳坡地区宜采用 1 行花魔芋 1 行玉米的种植模式,阴坡地区宜 2 行花魔芋 1 行玉米或者 2 行花魔芋 2 行玉米。夏季温度低于 30℃的地区,宜 3 行花魔芋 1 行玉米或者不采用遮阳处理。

7.田间管理

（1）追肥。7 月初按每亩根部追施复合肥 5 千克。7 月中旬以后每 10 ～ 15 天叶面追肥一次,连追两三次,叶面追肥可与花魔芋病害药剂防治相结合。

（2）除草。花魔芋栽后出土前,在 4 月下旬至 5 月上旬,用除草剂除掉畦面杂草(与玉米套种时,玉米行用玉米专用除草剂封草、除草)。幼苗出土后至展叶封行前宜人工及时除草,避免损伤后感病。

8.病虫害综合防治

（1）防治原则。按照“预防为主、综合防治”的植保方针,坚持以“农业防治、物理防治、生物防治为主,化学防治为辅”的防治原则。农药的选择和使用应符合 NY/T 393 的要求。

（2）主要病虫害。花魔芋的病害主要有软腐病、白绢病、病毒病、根腐病、枯萎病、细菌性叶枯病等。虫害主要有甘薯天蛾、蚜虫、小地老虎、豆天蛾等。

（3）防治措施。花魔芋主要病虫害的防治方法见表1。

表 1　高山蔬菜花魔芋主要病虫害药剂防治办法

防治对象	推荐药剂	推荐剂量	使用方法	安全间隔期（天）
软腐病	72% 农用链霉素可溶粉剂 20% 噻菌铜悬乳剂	100 倍 200 倍	喷雾 喷雾	3 8
白绢病	70% 戊唑·菌核净水分散粒剂 5% 井冈霉素水剂	600 倍 500 ~ 1000 倍	喷雾或灌蔸 喷雾	7 14
病毒病	20% 吗胍·乙酸铜可湿性粉剂 1.5% 植病灵Ⅱ号	500 倍 100 倍	喷雾 喷雾	3 7
根腐病	75% 百菌清可湿性粉剂 70% 敌磺钠可湿性粉剂 14% 络氨铜水剂	600 倍 150 倍 300 倍	喷雾 喷雾 喷雾	7 10 10
枯萎病	70% 甲基硫菌灵可湿性粉剂	150 ~ 2000 倍	喷雾	5
细菌性叶枯病	3% 中生菌素可湿性粉剂 72% 农用链霉素可溶性粉剂	600 倍 400 倍	喷雾 喷雾	3 3
甘薯天蛾	90% 晶体敌百虫 2.5% 高效氯氟氰菊酯乳油	100 倍 250 倍	喷雾 喷雾	7 7
蚜虫	1% 苦参碱水剂 5% 啶虫脒可湿性粉剂 10% 吡虫啉可湿性粉剂	600 倍 100 倍 300 倍	喷雾 喷雾 喷雾	5 14 7
小地老虎	2.5% 溴氰菊酯乳油 20% 氰戊菊酯乳油	250 倍 300 倍	喷雾 喷雾	7 7
豆天蛾	800IU/μl 苏云金杆菌悬浮剂 2.5% 高效氯氟氰菊酯乳油 0.6% 阿维菌素乳油	600 ~ 800 倍 250 倍 150 倍	喷雾 喷雾 喷雾	7 7 7

9.采收、包装与运输

（1）采收。花魔芋的地上部分在霜降后全部枯死，商品芋可在花魔芋倒苗后10天左右选择晴天采收，种芋在小雪前后采收。

（2）包装及运输。包装宜采用硬质抗压、通风透气的箱筐，包装规格为每箱15 ~ 30千克。注意应防止挤压引起创伤，运输过程中应注意保持通风、透气。

10.种芋贮藏

（1）露地越冬贮藏。湖北省海拔低于

1000米的山区，可采用露地越冬贮藏花魔芋。选择地势高、易排水、当年花魔芋长势好、病害较轻的沙壤土田块就地越冬。

①覆盖法。在植株自然倒苗后，冬前清除地表杂草及植株残体，将表土轻轻锄松3～5厘米，然后用稻草、玉米秆、麦草、麦糠、山茅草等覆盖10～15厘米。

②培土法。清除土表杂草后培10～15厘米厚的土层，要求疏松的干土、细土。

③套种法。在花魔芋繁种地块上面套种麦类、油菜、豌豆等越冬作物。

（2）土坑贮藏。在背风向阳、土壤干燥的地方挖坑，一般坑深100～150厘米，长、宽依贮藏种量而定。放入种芋时，先在坑底及四周坑壁处铺放10～15厘米厚的干稻草，避免种芋与窖底或窖壁接触，然后放入种芋，按一层种芋一层稻草的方法，摆放6～8层种芋后在种芋上覆盖一层稻草，再在稻草上覆盖一层15～25厘米厚的干细土壤。最后在坑四周开挖排水沟。

（3）室内沙藏及草藏。室内沙藏可选择细河沙、山沙等，沙晒七八成干，在筐内、桶内或室内靠墙角处先放一层10厘米厚的干沙，然后平放一层种芋，注意将芽眼朝上，然后覆上一层干沙，将种芋盖严为宜。按照一层干沙一层种芋堆放，堆放的种芋以五六层为宜（根状茎或小种芋可放多层）。室内草藏用稻草、麦秆、谷壳等，晒干后使用。堆放方法与室内沙藏相同，使干草充分包住种芋，避免种芋与贮藏容器壁或墙接触。

（4）室内自然堆藏。宜在种芋数量很大，而又无大窖房的情况下采用。用木料做成贮藏架，由下至上分若干层，每层架子高度23～27厘米，搭七八层。室内应通风，环境湿度65%～70%，温度5～8℃，种芋在架子上再次失水8%～12%左右，进行熏蒸。贮藏过程中用40%甲醛10毫升/立方米+高锰酸钾5克/立方米熏蒸或者苍术1克/立方米+艾叶1克/立方米熏蒸。

附录5 葛根栽培技术规程

（LY/T2044-2012）

本标准按照GB/T1.1—2009给出的规则起草。

本标准由国家林业局提出并归口。

本标准起草单位：重庆市林业科学研究院。

本标准主要起草人：薛沛沛、李月文、贺荣、杜红、周小舟

1.范围

本标准规定了葛根栽培的良种选择、育苗技术、栽培地选择、栽培管理、葛根采收、运输和贮藏、葛根质量要求等方面的技术规范。

本标准适用于葛根适生区的人工栽培。

2.规范性引用文件

下列文件对于本文件的应用是必不可少的。凡是注日期的引用文件，仅注日期的版本适用于本文件。凡是不注日期的引用文件，其最新版本（包括所有的修改单）适用于本文件。

GB3095环境空气质量标准

GB4285农药安全使用标准

GB5084农田灌溉水质标准

GB/T8321（所有部分）农药合理使用准则

GB15618土壤环境质量标准

3.术语和定义

下列术语和定义适用于本文件。

（1）葛〔Pueraria lobata（Willd.）Ohwi〕。豆科葛属具块根的草质缠绕藤本植物，又名葛藤，别名甘葛、野葛等。

（2）葛根（Lobed Kudzuvine Root）。豆科植物甘葛（*Puerariaeduli*s Pamp.）、野葛〔*Pueraria lobata*（willd.）Ohwi〕或甘葛藤（*Pueraria thomsonii* Benth.）的地下块根。

4.品种选择

参考附件A。

5.育苗技术

（1）育苗方法。

①整地坐床。选择背风向阳、无畜禽为害的山地或园地的沙质土壤做苗床。黏重土壤容易积水，可掺上一些沙改善土壤结构。每亩用50%多菌灵500～600倍液或70%的甲基托布津600～800倍液，喷洒苗床，用塑料膜覆盖密闭苗床5天，揭膜15天后再进行育苗。

苗床地整成垄高15～20厘米、垄宽60～80厘米。每亩施腐熟肥或土杂肥1000～1500千克，深翻耙平，苗床中间稍凸起，两侧沟宽20～30厘米。

②播种育苗。3～4月播种，播种前保持苗床充分湿润。将葛根种子在30～40℃温水中浸泡1～2天，取出晾干表面水分后，在整好的苗床上开穴播种，穴深2～3厘米，株距40～50厘米，每穴种子4～6粒，浇稀释的人

畜粪水或水,覆盖2~3厘米的细土。

③扦插育苗。

老枝扦插。采收葛时,选留节短、生长1~2年的健壮葛藤,截去头尾,选中间部分剪成10~15厘米的插条,每个插条有两三个节,在水中浸泡24小时脱胶后,将插条的2/3以30°~40°斜插于苗床内,留1个节在土外。苗床通常用沙层积,即一层沙一层插条多层堆叠育苗,每层沙约2~3厘米厚,最后盖草,经常浇水保持湿润。第2年腋芽萌发,芽长1~2厘米时便可定植。扦插密度为每亩600~700株。

嫩枝扦插。晚冬采收葛时,选粗壮、节密、无病虫害、较小的块根作种用块根,放在温床中催芽。待芽萌发至长约80~100厘米,割取藤蔓,取藤蔓基部和中下部截成长约4~5厘米、每条有2个节以上的藤条作为扦插材料,扦插方法同老枝扦插。

压藤育苗。葛生长旺盛的6~9月,选葛藤距根部1.5米内的健壮藤条,将葛藤向四周摆布均匀,每节培湿润泥土并压实,以覆盖整个藤节,覆土厚度2厘米为宜。待次年早春未萌发以前,将藤蔓截断成单株。

(2)圃地管理。

①水分。种子育苗的苗床,播种后在每天光照最强、温度最高时浇水,浇水量以土壤含水量在田间持水量的80%~90%为宜。芽萌发后,每3~4天浇1次水,浇水量以土壤含水量在田间持水量的60%~70%为宜。

扦插和压藤条育苗的葛根,植入苗床后应立即灌1次透水,之后每2~3天浇水1次,浇水量以土壤含水量在田间持水量的70%~80%为宜。芽萌发后,每4~5天浇1次水,浇水量以土壤含水量在田间持水量的50%~60%为宜。

②施肥。芽萌发后,每10天施肥1次,每亩施稀释人畜粪水1000千克或尿素10千克兑水淋施。

③遮阴。在种苗萌发时,晴天中午适当遮阴,用稻苗或遮阳网覆盖。当温度达到30℃左右时,应通风除湿或喷水调节降温。

④中耕除草。育苗期要及时中耕除草,使用人工除草,10~15天除草1次为宜。

⑤病虫害防治。葛根出苗时正值蛞蝓生长与繁殖适宜期,危害葛根苗时主要啃食发出的嫩芽,可在苗床四周撒石灰粉,每亩苗床用量为5~7.5千克,喷洒灭蛭灵90倍液(每亩喷兑好的药液75千克)或施用6%密达杀螺颗粒剂(每亩用药0.5~0.6千克,拌细沙5~10千克,均匀撒施)。

用药时间宜在雨后或傍晚。施药后24小时内如遇大雨,药粒易冲散,应酌情补施。

农药使用按GB4285和GB/T8321执行。

(3)苗木出土。

①起苗。种苗生出嫩枝,芽眼伸长不超过4厘米时便可带土起苗,起苗动作要轻,以免损伤葛苗的藤节与根系。

②葛苗分级。葛苗分级指标应符合表1的规定。

6.栽培地选择

(1)气候条件。葛根最适宜生长温度范围为18~30℃。葛根适合生长在年生长期有效积温为2800~3000℃、年降雨量不小于400毫米、无霜期不少于240天的地区。

空气质量应达到GB3095规定的二级标注。

(2)土壤条件。葛根宜栽培在光照充足、沙质红壤土、土质疏松、活土层厚不小于40厘米、富含有机质、pH值6~8、坡度小于25°、地下水位不低于1.5厘米、排灌良好、保水保肥性好的地块。

土壤环境质量按GB15618规定的二级标准执行。

（3）栽培地消毒。使用70%甲基托布津500倍或多菌灵400倍溶液进行土壤的初步消毒，减少土存病菌的数量，同时每亩使用石灰、粉碎的农作物秸秆50千克进行土壤改良，增加土壤的疏松性。

（4）栽培地管理。2月中旬开始整地起垄，在整地前施基肥（参见附件A）。基肥要与细土混合均匀，施于种植穴中或种植沟中，然后覆碎土，平整土地。垄宽100～110厘米，高40～60厘米，沟宽50～60厘米。

7.栽培管理

（1）栽植时间。一般在春季（3～4月）栽培，气温在15℃以上的阴天或雨后初晴栽植。

（2）栽植方法。移植前苗床要浇透水，并做到葛苗随起随栽。在做好的垄上挖直径3厘米的窝，将葛苗成30°～40°斜放在种植沟内，将根理顺，然后用湿润土壤盖好。

（3）栽植密度。搭架栽植每亩以1000株为宜，不搭架栽植每亩以450株为宜。

（4）栽后管理。

①水分管理。定植后，先浇足定根水，然后4～5天浇一次缓苗水，之后适当控水，每周浇水一次，浇水量以土壤有效含水量在60%左右为宜。

发芽期至幼苗期，每4～5天浇水1次，浇水量以土壤有效含水量在70%左右为宜。

叶片生长盛期，每3～4天浇水1次，浇水量以土壤有效含水量在70%左右为宜。

块根膨大期，需水量最大，应按时充分浇水，浇水量以土壤有效含水量在85%左右为宜。

灌溉水质量按GB5084规定一级标准执行。

②施肥。葛根主要适用有机肥，并适时补充少量无机化合肥。用作追肥，钾肥应使用硫酸钾。宜采用环状沟施、条沟施和土面撒施方法。施肥时，于距葛根20厘米处开穴施入，然后覆土。收获前45天内不得施肥。

施肥量和施肥时间参见附件B。

③修剪

理藤修剪。每年6～9月，根据葛的长势来修剪葛藤。一般留两三条粗壮藤蔓作为主藤，剪除多余的藤蔓。当葛藤长至2.5米时，应打顶去尖。

根部修剪。在7～8月，当主蔓直径达0.8～1厘米时，把植株四周土壤扒开10厘米，选择一两个生长较粗，能舒展的块根留下，其余除去，然后盖好表土。

（4）引蔓上架。当保留的藤蔓长到30～40厘米时，进行搭架引蔓。用木条、竹子、铁丝等做搭架材料，在两株葛苗中间、距离每株苗30厘米搭成三脚架、四脚架或八字架，然后将藤蔓引上架。

（5）中耕除草。4～9月，在葛根的生长期内，应及时中耕、除草。中耕时要浅耕，一般以4～5厘米为宜，避免伤根，并注意适当培土，防止葛根露出地面。在块根形成以后不宜中耕。5～6月除草1次，8月和10月各除草1次。中耕除草可结合修剪进行。

（6）病虫害防治。农药使用按GB4285和GB/T8321执行。

葛的病虫害防治参见附件C。

8.葛根采收

（1）采收时间。葛根采收期长，可当年采

收，也可在第2年采收。从冬季至次年的春末葛根萌动前均可采收，一般在11～12月采挖淀粉含量最高。

（2）采收方法。葛根采收要遵循采大留小的原则，采后覆平泥土即可。

采挖时，首先把地上藤蔓割掉，然后把植株周围的土挖开，不要紧靠根部直挖下去，以免挖断侧根而采收不到完整的块根。此外，采收时应保留小的块根，以利来年繁殖。

采挖一般选天气晴朗、无晨露的时间进行。采收时应尽量不损伤块根表皮。

9.运输和贮藏

（1）运输。为了减少在运输、贮藏过程中的相互摩擦、碰撞、挤压等损伤，运输前最好采用竹筐、麻袋、草袋等包装。运输工具应清洁卫生、无污染。装运时，应做到轻装，轻卸，严防机械损伤。运输过程中，防止日晒，雨淋，注意通风。

（2）贮存。贮存宜采用沙贮法和库贮法。①沙贮法。应选阴凉、通风、清洁、卫生、无积水的环境，方法即一层块根、一层湿沙。湿沙以用手捏成团、松手即散为宜。适宜温度为18～20℃。②库贮法，贮存库应经过严格消毒、清洁卫生、无有害空气相对湿度应保持在50%～60%，用水质量按GB5084规定的一级标准执行。贮存库温度宜保持在2～4℃范围内，贮存期间防止污染。

10.葛根质量要求

（1）感官。同一品种或相似品种，外形整齐，大小基本均匀，色泽一致，表皮光滑洁净，无缺陷（包括空心、开裂、机械伤、腐烂、异味、冻害和病虫害）。

（2）质量分级。葛根质量分级应符合表2的规定。

表1　葛苗分级指标

级别	品种纯度(%)	葛苗自带小块根最大直径（厘米）	要求
一级	98	1.5～2	葛藤、葛根须无损伤、无病虫害
二级	96	1.0～1.4	

表2　葛根质量分级

等级	单根重量（千克）	块根完整率（%）	块根不完整率（%）			杂质（%）	水分（%）	淀粉（%）
			总量	病害	其他			
1	0.75～5	≥90	≤10	无	≤10	≤2.0	63.3±2.0	≥25
2	≥0.5	≥85	≤15	≤2	≤13	≤4.0	63.3±2.0	≥21

附件A

（资料性附录）

葛根品种基本特点介绍

葛根品种基本特点见表A.1。

表 A.1　葛根品种基本特点

品种	特点
木生葛根	块根大，藤蔓粗；生产周期短；当年亩产鲜葛根块2500～5000千克；出粉率25%以上；葛根素含量高
黄金葛	块根肥大；生产周期短；当年亩产鲜葛根块6000千克；出粉率25%～28%，在红黄沙壤土上种植的葛根出粉率可达28%～32%以上；葛根黄铜含量较高
宋氏葛根	出苗壮，叶片宽，茎短而粗壮，萌根块，纤维少；生长季230天左右；当年亩产鲜葛根块2000～4500千克；出粉率可达33%；总黄酮含量为3.98%
金葛2号	植株全体密生棕褐色绒毛，藤蔓茎粗壮有节，茎节短，藤蔓少，多分枝；全生育期240～270天。亩产鲜葛根块4000～7000千克；出粉率高达42%
粉葛	藤蔓短、叶厚、不开花或少开花；茎基部粗壮，上部多分枝；块根圆柱状，肥厚，外皮灰黄色，内部粉质，纤维性很强；亩产鲜葛根块2000～3000千克；出粉率约为30%
菜粉葛	植株全部密生棕色绒毛，茎基部粗大，能长出多条有节藤蔓，藤蔓多分枝，长达数米；茎节短，块根粗短，肉白、纤维少，口感粉、沙、甜、糯；全生育期月260天；当年亩产鲜葛根块6000千克；出粉率30%以上
赣葛5号	葛叶宽大呈圆形，开叉小，藤条粗壮有力，茎节短粗壮，萌根块，块根呈现棒槌形，纤维少；全生育期250天左右；当年亩产鲜葛根块1500～2500千克；出粉率25%～30%

附件B

（资料性附录）

葛根栽培的主要施肥方法

葛根栽培的主要施肥方法见表B.1。

表 B.1　葛根栽培的主要施肥方法

施肥类型	施肥时间	施肥方法	备注
基肥	定植前整地时	每亩施厩肥500千克、草木灰500千克、钙镁磷肥50千克、人畜粪水1000千克或优质复合肥150千克	定植前沟施或窝施，施肥后7～10天盖土栽植

续表

施肥类型	施肥时间	施肥方法	备注
追肥	5月下旬左右定藤后	每株施人畜粪水 3～5 千克、高氮硫酸钾型复合肥 50～80 克、尿素 20 克	溶解后淋施
	7～8 月，疏根后 2～3 天	每株施入 45% 硫酸钾型复合肥 100 克、纯硫酸钾 50 克（或硫酸钾镁肥）、500 倍正丰氨基酸液肥、兑人畜粪水（忌猪粪水）或沼液，同时加入 500 倍液多菌灵、300～500 倍液敌百虫或辛硫磷、800 倍液地下块茎膨大素	肥药充分溶解后现配现施，每株用量 4 千克
追肥	9 月	每株施入 45% 硫酸钾型复合肥 100～150 克、纯硫酸钾 50 克（或硫酸钾镁肥）、500 倍正丰氨基酸液肥、兑人畜粪水或沼液	每株施灌 4 千克
	10 月	用 0.2% 尿素或磷酸二氢钾	喷洒叶面

附件C

（资料性附录）

葛根栽培的主要病虫害及防治

葛根栽培的主要病虫害及防治见表C.1。

表 C.1　葛根栽培的主要虫害及防治

防治类型	防治虫害	具体防治方法
物理防治	蛾类害虫	利用害虫的趋性，采用频振式多功能杀虫灯诱杀趋光性强的卷叶蛾和天蛾。
	蚜虫	进行色板诱杀，铺挂银灰色膜驱蚜虫。
	天牛	4～6 月晴天中午检查藤蔓，发现成虫要及时进行捕杀
		6～8 月加强葛园的检查，特别是曾被天牛吃过的地方，若有虫卵，立即铲除。
	红蜘蛛	保护天敌，如捕食性螨、捕食性蓟马、草蛉等
	金龟子	深秋或初冬翻耕土地
		利用金龟子具有假死性的特点采取人工捕捉
	地老虎、蛴螬	葛根收货后，清园时消灭卵和幼虫寄生场所
化学防治	蝶类、夜蛾类	10% 高效氯氰菊酯 2000 倍液喷雾
	天牛	在葛蔓呈肿瘤状的地方，注入 80% 敌敌畏 2000 倍液毒杀
	红蜘蛛	20% 三氯杀螨醇 1600 倍液或 15% 扫螨净 2000 倍液喷施

防治类型	防治虫害	具体防治方法
化学防治		80% 敌敌畏 2000 倍液或 10% 吡虫啉可湿性粉剂 1500 倍液喷洒或灌溉
	地老虎、蛴螬	90% 敌百虫 1000 倍液或 40% 辛硫磷 1000 倍液喷雾
	蟋蟀	80% 敌敌畏 2000 倍液喷雾
生物防治	葛蝉	清明后成虫为害茎蔓，幼虫钻进茎中为害，可用煤油注入被害部杀死
	蚜虫和叶螨	利用有益生物大红瓢虫、红点唇瓢虫、异色瓢虫、草蛉等害虫天敌，防治葛的蚜虫及叶螨
生物防治	红蜘蛛	利用大蒜、洋葱、丝瓜叶、番茄叶的浸出液制成农药喷洒
	地老虎、蛴螬	利用成虫趋化性采用糖醋液诱杀
农业防治	所有病虫害	选用抗（耐）病品种，合理布局，实行轮作倒茬，深翻晒伐，土壤消毒，中耕除草，抗旱排涝，修剪整蔓，增施肥料等，促进葛根健壮生育，增强抗逆能力，减少病虫害、杂草及鼠畜为害
综合防治	土蚕、黄蚂蚁	在开挖种植沟时要人工捕杀，结合施基肥回填土时，要施用土壤杀虫农药毒杀害虫；在葛根生长期，用 5% 辛硫磷颗粒剂或 3% 呋喃丹颗粒剂施入土壤毒杀

葛根栽培的主要病害及防治见表 C.2。

表 C.2　葛根栽培的主要病害及防治

防治类型	防治病害	具体防治方法
化学防治	锈病	15% 粉锈灵可湿性粉剂 800 ～ 1000 倍液或 15% 三唑酮可湿性粉剂 1500 倍液或 40% 多硫悬浮液剂 300 倍液或 50% 硫黄悬浮剂 300 倍液或 75% 百菌清可湿性粉剂 600 倍液或 90% 敌锈钠可湿性粉剂 1000 倍液喷洒，每隔 10 天喷 1 次，连续喷洒两三次
	立枯病炭疽病霜霉病	30% 氧氯化铜悬浮剂 600 倍液 +70% 甲硫菌灵可湿性粉剂 1000 倍液 +75% 百菌清可湿性粉剂 1000 倍液 +50% 复方硫菌灵可湿性粉剂 1000 倍液 +40% 多硫悬浮剂 500 倍液喷洒，每隔 10 天喷 1 次，连续喷洒两三次
	叶斑病	1:1:100 波尔多液喷洒，每隔 10 天喷 1 次，连续喷洒三四次
生物防治	立枯病	选用生物制剂，0.05% 的 S- 施特灵水剂 600 ～ 800 倍液喷雾

参考文献

[1] 戴明伟,周强,毛启军,徐长城,邓世奎.出口小香葱新品种新葱一号和新葱二号的选育[J].长江蔬菜,2012,14:9-12.

[2] 费甫华,彭金波,张明海.魔芋种植新技术[M].湖北科学技术出版社,2011.

[3] 高磊,符庆功,邵泱峰,吴慧敏.南方山地食用百合高效栽培技术[J].北方园艺,2014,23:47-48.

[4] 胡淼,戴明伟.出口小香葱割后管理技术[J].长江蔬菜,2006,02:21.

[5] 江琴姿.蕨菜高产栽培技术[J].上海蔬菜,2015,3:36.

[6] 何文远,牟绪华,牟华.利川山药标准化生产栽培技术[J].蔬菜,2014,09:46-47.

[7] 刘建.特种蔬菜优质高产栽培技术[M].中国农业科学技术出版社,2011.

[8] 刘佩英.魔芋学[M].中国农业出版社,2004.

[9] 李培之,李建永.雪莲果的经济价值及其引种栽培技术[J].长江蔬菜,2016,01:37-38.

[10] 李洪峰,魏新田.保健植物鱼腥草无公害栽培技术[J].现代农业科技,2011,08:116.

[11] 苗明军,常伟,徐培红,刘万清,李志,李跃建.冬季嫩茎叶鱼腥草丰产栽培技术[J].长江蔬菜,2015,24:75-76.

[12] 莫金文.鱼腥草特征特性及无公害高产栽培技术[J].现代农业科技,2014,03:98-99.

[13] 吴建红,孟桂芬.雪莲果生物学特性及栽培技术[J].现代农业科技,2009,18:117-121.

[14] 王红霞,李花云,魏新田.味美特别的无公害蔬菜阳荷的栽培及利用[J].农业开发与装备,2013,11:118-119.

[15] 杨智娟,杨志新,李泽恒,夏新灿,刘波.玉竹高效丰产栽培技术[J].中国园艺文摘,2015,05:222-223.

[16] 杨燕红,覃伟远.雪莲果丰产栽培技术[J].现代农业科技,2008,23:49-51.

[17] 喻文凤.生姜间作玉米高效种植技术[J].现代农村科技,2009,22:7.

[18] 俞俊,王高林,王小飞.山地蔬菜主要节水配套技术[J].杭州农业科技,2008,2,39

[19] 张宇,王华,穆森,何美军.粉葛的生物学特性及栽培技术[J].现代农业科技,2014,22:86-87.

[20] 张谨微.鱼腥草嫩芽栽培技术[J].四川农业科技,2015,1:32-33.

[21] 肖深根.玉竹规范化种植与加工[M].湖南科学技术出版社.2012.

[22] 钟卫军,覃国平,黎小满,吴波.粉葛高产栽培技术[J].农业研究与应用,2011,06:42-43.

[23] 朱月清,夏一军.山地蔬菜微蓄微灌技术.杭州农业与科技[J].2011,3:43-44.

图书在版编目（ＣＩＰ）数据

山地特色蔬菜安全高效生产技术 / 吴金平，郭凤领

主编 . —武汉：湖北科学技术出版社，2016.7

（湖北省园艺产业农技推广实用技术丛书）

ISBN 978-7-5352-8899-8

Ⅰ . ①山… Ⅱ . ①吴… ②郭… Ⅲ . ①山地—蔬菜园艺 Ⅳ . ①S63

中国版本图书馆CIP数据核字(2016)第136820号

责任编辑：张丽婷   封面设计：胡　博

出版发行：湖北科学技术出版社   电话：027—87679468
地　　　址：武汉市雄楚大街268号
　　　　　　（湖北出版文化城B座13—14层）   邮编：430070
网　　　址：http://www.hbstp.com.cn

排　　版：湖北桑田印刷策划有限公司   邮编：430070
印　　刷：武汉市金港彩印有限公司   邮编：430023

787×1092   1/16   7 印张   145千字
2016年7月第1版   2016年7月第1次印刷

定　　价：26.00元